〈たぐい〉の沃野へ

人間を考える学問、人類学は、人間をめぐる大きな問いにふたたび向き合いはじめている。その課題は、ホモ・サピエンス誕生以降二〇万年くらいのスパンでの人間の暮らしや、大航海時代以降、とりわけ、グローバル化する今日の人間の生き方などを大きく超えて、種としての人類を、より大きな生命現象の枠内に位置づけることに関わっている。

地球の生態環境を悪化させたのが種としての人類であることを、その名に刻む新たな地質年代として提唱された「人新世」や、人間が作り出したモノでありながら、いま人間を超えた知性になりつつあり、今後自律的な生命になりうる可能性を秘めた「人工知能」などが、新しい世紀に入って、種としての人類の存在意義を激しく揺さぶっている。

これまで人類学は、もっぱら人間に対して現れる範囲でしか、動植物などの種を扱ってこなかった。人間と他種という二項図式に対しては、絡まりあった〈複数種〉（マルチスピーシーズ）という枠組みを設定しよう。他方、人類学では一般に、種が自律し、安定した単位として、ほとんど疑われることのないまま用いられてきた。種という知的カテゴリーに対しては、動植物だけでなく、モノ、神々、精霊までを含めた、その場、その時に向き合っている他者の、想像上のまとまりとしての〈たぐい〉という語を用意しよう。

はたして人間はこれから、どこに向かって歩んでいくのだろうか。そのことを考える時、人類学を大胆に組み換えて提示することが必要になる。人間の現象のみに限定して語り、考えることから自らを解き放ち、人間の外側を想像し、踏み込んで、他の〈たぐい〉とともにある人間について考えてみよう。

『たぐい』が目指すのは、「人間以上」の世界に生きる人間を、他の〈たぐい〉との出逢いの中で考える、あらゆる知が絡まりあう場となることである。

人間の「外から」人間を考える
ポストヒューマニティーズ誌

たぐい

vol.1

目次

人類学の現在、絡まりあう種たち、不安定な「種」

奥野克巳

一　人間的なるものを超えて

気がつくと、人類学はその名前が示すとおり、人間のことだけを探究する学問になっていたと言ったら、奇妙に響くだろうか。

人類学は長らく、人間が生み出し、営んでいる制度や慣習などを「文化」と呼び、その記述を「民族誌」と称して、人間の文化の記述と考察に浸った末に、記述のしかたや学問を成り立たせている仕組み、その権力配分にまで気を配りながら、どうしたらそのような再帰的な課題を乗り越えて正統な学問たり得るのかを考えるのに頭を悩ませてきた。

そのことは、形質人類学、考古学、言語人類学、文化人類学という四部門から成る総合学を目指した、二〇世紀初頭のボアズ流のアメリカの人類学の「後退」であり、フィールドワークを学問の中心に位置づけ、民族誌を制度化した、マリノフスキー由来のイギリスの人類学の「前進」の結果だった。世界に広がった、民族誌を重要視するイギリス流の人類学は、アメリカで巻き起こったポストモダン的な自己反省モードの投入によって内向きの議論を重ね、前世紀末から今世紀初頭にかけて隘路を歩むことになったのである。

そうした前進と後退の歩みの陰に、もう一つの人類学の流れがあった。レヴィ＝ストロースの人類学である。一九三八年にブラジル調査に出かけたレヴィ＝ストロースのフィールドワークは、一つの社会で局地的な調査をおこない、輝かしい成果を出し始めていたマリノフスキーのそれとは異なり、集団間の「断面」の比較を通じて変異の多様性と共通性をあぶり出し、様々な変形によって一定の原理が広汎に見出されることを示すものだった。その手法はその後、レヴィ＝ストロースの研究に通奏低音として鳴り響きながら、「音韻論の社会構造への応用」（『親族の基本構造』）から「異種との交換（交歓）」（『神話論理』）という主題へと次第に高められていったのである［渡辺二〇一八］。

デスコラやヴィヴェイロス・デ・カストロなど、レヴィ＝ストロースの思想を継承した人類学者たちは、人間と他の生物種との関係へと踏み込むことで、「アニミズム」「パースペクティヴィズム」「多自然主義」など、人類学だけに留まらないより包括的な人文学の新たなトピックを見出したのである。人類学は二一世紀を迎えると、人間のみでなく、人間を含みつつ人間を超えて、より大きな研究枠組みの中で思考するようになった。コーンの「人間的なるものを超えた人類学」は、そうした流れの中から生まれた一つの果実である。

> 森が考えているということで、いったい何が言われようとしているのかをよく考えてみたい。つまり、（全ての思考の基礎を形成する）表象の諸過程と生ある存在のつながりを、人間的なるものを超えて広がるものに民族誌的に注意を向けることを通じてそれがあきらかになるにつれて、つかみだすことにしよう。そこで表象の本性について私たちが抱く前提を再考するに至った見識を用いることで、それが私たちの人類学的な概念を変えるのかを探ってみるのがよいだろう。このアプローチを「人間的なるものを超えた人類学」と名づけようではないか。［コーン二〇一六：一八］

コーンは、パースの記号過程を用いて、人間を含め、あらゆる生ある存在がいかに思考するのかという問いを立てる。そうすることによって、人間のみを扱う人類学を超えて、哲学とも深く交差しつつ、ノンヒューマンとヒューマンを同じ地平に眺める人類学の新たな領野を切り拓いたのである。

二　マルチスピーシーズ民族誌／人類学

「マルチスピーシーズ（複数種）民族誌」も、その流れに位置する。それは、異種間の創発的な出会いを取り上げ、人間を超えた領域へと人類学を拡張しようとする。

その成立の経緯は、概ね以下のように説明される。レヴィ＝ストロースが動物を「考えるのに適している」と捉えたのに対し、ハリスは、それらは「食べるのに適している」と捉えた。しかし、動物を含む他の生物種は、人間にとって、たんに象徴的および唯物的な関心対象というだけではない。他種は、人間や別の種と関わりながら絡まりあってきた。ハラウェイが言うように、他種は人間にとって「ともに生きる」存在でもある。マルチスピーシーズ民族誌は、この「ともに生きる」というアイデアを重視する。それは、複数種を取り上げることによって、動植物を人間主体にとっての対象としか捉えようとしてこなかった人類学が抱える人間中心主義的な傾向に挑戦しようとする［カークセイ＋ヘルムライヒ二〇一七：奥野二〇一七、二〇一八］。

オグデンらによれば、マルチスピーシーズ民族誌とは、行為主体である存在者の絶え間なく変化するアッサンブラージュの内部における、生命の創発に通じた民族誌調査および記述である［Ogden, L., Hall, B., & Tanita, K. 2013］。それは、複数の有機体との関係において、人間的なるものが創発する仕方を理解しようとする。ヴァン・ドゥーレンらによれば、マルチスピーシーズ人類学は、他種をたんなる象徴、資源、人間の暮らしの背景と見ることを超えて、種間および複数種間で構成される経験世界や存在様式、他の生物種の生物文化的条件に関する分厚い記述を目指す［van Dooren 2016］。マルチスピーシーズ民族誌／人類学は、人間を静的な「人間‐存在（human beings）」ではなく、動的な「人間‐生成（human becomings）」と捉える。

インドでは年間何百万という牛が死ぬが、神聖視されているため食べられることはない。牛は死にかけると、遺体ごみ置き場に連れて行かれる。ハゲワシはそれを三〇分できれいに解体する。しかし今日、牛を食べることがハゲワシを殺す。というのは、貧困層が牛を使って作業を続けるために、また牛の足の病気、乳腺炎、出産困難などを処置するために、安価な非ステロイド系抗炎症薬ディフロフェナクが牛に投与されるが、それがハゲワシに腎障害をもたらすからである。インドでは現在、ハゲワシの減少に反比例してイヌが増えている。イヌは、ハゲワシのようなスピードと完璧さで死骸を片付けはしない。イヌは町をうろついて人を襲い、狂犬病などをもたらす。ハゲワシがいないと、人や動物の健康に重篤な影響がある。このようにして個体は絡まりあって生きており、生と死を含む複数種の文脈では、他者の苦しみへの純粋な反応を考慮しなければならない［van Dooren 2016］。

ツィンによれば、マツ、マツタケ、菌根菌、農家の人たちが絡まりあって生存可能性を生み出している。痩せた土地でマツと菌根菌は共存しており、菌根菌が育つとマツタケになる。農家の人たちは、燃料や肥料を求めてマツ林に入り、生態系に介入する。そのことで、マツは排除されることを免れ、マツにとって程よく攪乱された状況がつくり出される。マツ、菌根菌、農家の人という異種の偶然の遭遇によりマツタケが育つ。また日本では、高品質のマツタケは高価な贈り物として、特定の小売に卸され、人間関係の構築のために用いられる。マツタケはいったん自然から切り離されるが、人間と自然が絡まりあったものとして、人間社会にもたらされる［Tsing 2015; ツィン二〇一七］。

ドメスティケーションを再考する過程で、ステパノフらは「飼育する／飼育される」という古典的な二項図式に代えて、ヒューマンとノンヒューマンが入り乱れ、それらが長期にわたって根を張るハビタット（生息地、なわばり）である「ドムス（domus、家）」を変容させるような、相互行為的な動態による三項的な図式を提起している。コミュニティとはこれまでは、生物学では自然環境の中で種が相互作用する場であり、社会科学では人間の集団を意味したが、ステパノフらはレステルの概念を拡張して「ハイブリッド・コミュニティ」という包括的な概念を創出する。それは、「共有されたハビタットの周りの人間、植物と動物の間の長期にわたるマルチスピーシーズ的な連携の形式」のことである。南シベリアのトゥバの「アアル・コダン（生きる場所）」というハイブリッド・コミュニティでは、家族と家畜がともに暮らしている。そこでは、すべての要素が相互に依存しあっていて、人間の過ちが家畜に病気をもたらし、ヤクの供犠はアアル・コダン全体に繁栄と健康をもたらすとされる［Stepanoff and Vigne 2019 : 14-5］。

マルチスピーシーズ民族誌／人類学は、人間と人間以外の存在という二元論の土台の上で繰り広げられる、人間と特定の他種との二者間の関係ではなく、人間を含む複数種の3＋n者の「絡まりあい」とともに、複数種が「ともに生きる」ことを強調する。人間主体に現れる範囲のみで他種は捉えられるべきではない。それはたんに象徴的・唯物的な対象ではないとされる。

こうしたマルチスピーシーズ人類学［1］の特性をより鮮やかに理解するために、哲学の課題を一瞥することは有用だと思われる。現代のモノの哲学は、マルチスピーシーズ人類学と同根の主題を孕んでおり、人類学の近年の研究成果を取り入れて交差し、拡張されているからである。

三　種を記述する技法

カント以降の哲学では、人間がモノに対してつねに特権的な位置を保ってきた。対象世界が差異や多様性に満ちているにしても、あくまでも人間主体から見た剰余や外部とされてきたのである。ハイデガーにとっても、世界は何らかの目的をもった道具が連関してできており、その連関に不確定さを持ち込むのはつねに人間であった。モノが人間に現れる範囲でしか捉えられてこなかった「相関主義」を批判して、近年ハーマンは、モノとモノが能動的であり受動的である役割を演じながら独立的に作用することを強調する［清水 二〇一八］。

哲学者・清水高志は、近年の人類学の議論を積極的に援用しながら、擬人化される傾向にあるハーマンの「オブジェクト指向哲学」に挑んでいる［2］。清水は、モノとモノが互いに移動し相互包摂する往還運動を強調する。マルチスピーシーズ人類学もまた他の生物種を人間に現れる範囲でのみ扱うのではなく、相関主義を超えて種と種の関係性それ自体へと踏み込んでいるのだとすれば、両者の課題は共通している。

ところで、ここでいうモノには非生命だけでなく、生命も含まれる。マルチスピーシーズ人類学が扱う「種」とは、主に生命である。以下では、生命記述の技法について、モノの哲学の議論の延長線上で手短に触れておきたい。

清水を継承しつつ上妻世海は、「ありのままの、不合理で、重畳《ちょうじょう》で、無駄が多く、混沌に満ち溢れた、あやうい可能性の上にかろうじて成り立つ動的なものとしての自然である」［池田善昭・福岡伸一 二〇一七：二九〇］〈ピュシス〉や、「あらゆる存在を様々な〈あいだ〉において見ようとする理論的態度」［木岡伸夫 二〇一四：六八］としての〈レンマ的論理〉を骨組みとして、生命記述の技法を検討している［上妻 二〇一八：五六―六一］。上妻は福岡の「動的平衡」論を導きとしながら、以下のように述べる。

> なぜか僕たちは、明日も、明後日も、明々後日も、同じ身体をもち、自己同一性を保ち続けることができると信じている。しかし、物質的には一年も経つと、僕は僕でない。僕は自らを分解することで自らを構築し、自らを構築することで自らを分解する「流れ」である。そして、この「流れ」の中で構造を維持するためには、「私は私である」という自己同一性の耐久性や構造を強くするのではない。エントロピー増大の法則による乱雑さが構造の維持を不可能にしてしまう前に、先回り的にその同一性を部分的に分解し、そして構築する必要があるように、「私は私でなく」（分解）、「私は私でなくもない」（構築）という「流れ」の中に身を置くことになる。［上妻 二〇一八：六三―四］

生命は変形と流れの中で、つまり時間の中で分解と構築を孕むものとして捉えなければならない。言い換えれば、「僕たちは『死につつ、生き、生きつつ、死んでいる』」［上妻 二〇一八：七二］のだ。

上妻はこの議論をさらに進めて、生命記述の技法を、事物がそこに存在するのはそれ自らによってではなく、他に依って他との関係においてであるとする龍樹（ナーガルジュナ）の『中論』に求めている。生命は「相依相待」により、生命たり得ている［上妻二〇一八：七六；木岡 二〇一四］。生命の本質とは、事物の存在が「他との関係に縁《よ》ってある」という「縁起」に他ならない。

種が生命のことであるならば、「種」を自律的で安定的なものと捉えることには慎重でなければならない理由がここにある。種に出入りする他種によって種が相依相待的に生まれつつ死に、死につつ生まれるのだとすれば、「マルチスピーシーズ（複数種）」が喚起する、自律し安定した「種」のイメージは問題含みであることになる。それゆえに、種と種の絡まりあいに迫ろうとするマルチスピーシーズ人類学は、「種」とは何であるのかという問いを疎《おろそ》かにすべきではないということを、ここでは確認しておきたい[3]。

四　制作論的転回のほうへ

マルチスピーシーズ人類学が、人類学自体を反省的に捉え返した「再帰人類学」の先に、「人間とは何か」をふたたび問い始めた二一世紀の人類学によって生み落とされた一つの嬰児《みどりご》であるならば、それは、既存の人類学の装いを必ずしも纏っている必要はない。先述したように、マリノフスキーの流れを汲む民族誌の積み重ねがあったからこそ人類学は発展したのであるが、他方で、人間に現れる範囲でしか他の生物種を取り上げることがない、人間しか対象にしない多文化主義的（文化相対主義的）な人類学を生産し続けてきたのであり、その延長線上で、再帰人類学においては民族誌を書くことそれ自体が問われたに過ぎなかったのである。では、「既存の人類学の装いを必ずしも纏わない」人類学は今日、いかにして可能なのだろうか。その解の一つは、いわゆる「人類学の存在論的転回」を超え出ていくところにある[4]。

そしてその手がかりは、ふたたび上妻の制作論に求めることができる。上妻の説く「消費から参加へ、そして制作へ」という図式は、「他者」の真っただ中で暮らし、民族誌を書いて人類学を生産し続けた、マリノフスキー以降の〈消費〉、文化を書く自己を反省し社会実践に向かうとともに、民族誌を「他者」の参加へと開いた、再帰人類学の〈参加〉、そして、そうした多文化主義の所産を経て、今日、複数種の「制作的空間」へと降り立って、〈制作〉へと踏み出し始めた、多自然主義的な人類学の流れにそのまま当てはめることができよう。

上妻が示唆するように、「制作的空間」に降りていく時、異質なパースペクティヴとの感応的な関係を取り戻すためには、言語、とりわけ人間の「言語」を用いているだけでは十分ではない。そこでは、「現象を超えて実在を感じること、音やリズム、形として繋ぎ合わせること」[上妻 二〇一八：一〇二]が要請される。「制作的空間」におけるテキストとは、身体に他ならないのだ。鏡の向こう（「制作的空間」）に降りて、鏡の中で乱反射を浴びることで、自らの身体を作り替えなければならない[上妻 二〇一八：一一二]。

「制作」とは、実際にやってみることで「未来の情報」を生み出しながら、その次へと進んでいく、あるいは引き返していく往還運動である（中略）まずは「制作」してみること、そうすることで僕たちは「制作的空間」へと入り込んでいく［上妻 二〇一八：五三］。

なすべきは、多文化主義的な土台の上でなされる〈消費〉と〈参加〉を超えて〈制作〉することである。「制作的空間」は、自己／他者、人間／自然に分割された人間の自己同一性を前提とせず、動植物を含む雑多な他者との不安定な運動の中に自己の変容を促すという意味において、多自然主義的な場へと向かう。マルチスピーシーズ人類学の「制作的空間」には、異種間の交歓からなる多自然主義的風景が開かれているのだ。

『マルチスピーシーズ・サロン』の中でシムンが試みるのは「人間のチーズ」の〈制作〉である。人間のミルクから作られたチーズを問題なく食べた人がいた一方で、ミルクの提供者が何を食べたのか分からないという理由で食べるのを拒否した人もいた。しかし、人間のミルクは人間にとって生まれて最初の栄養である。乳の分泌によって汚染は取り除かれるため、疫学上の問題はない。乳首を刺激していれば、年齢に関わらずミルクが出る。性腺刺激ホルモン注射によって男性が授乳することも可能であり、自ら授乳して子を育てた男性の報告もある。人間のミルクには凝乳させる乾酪《かんらく》素が欠如しているため塊にならないので、シムンは山羊のミルクを混ぜてチーズを作る。それは蜂蜜をかけてクラッカーの上に乗せて食べるとおいしいという。だが、人間のチーズにはどこか場違いの感覚がある。逆に、牛や羊などの他種から作られるチーズこそが「人間的」なのだ［Simun 2014］。私たちは、「内なる他者としての人間のミルク」から作られるチーズから乱反射を浴びることになる。

カークセイは、ザレッツキーによる〈制作〉を取り上げている。彼はホモ・サピエンス代表としてコンテナの中で、ショウジョウバエ、酵母菌、大腸菌、アフリカツノガエル、カラシナなどと一週間過ごした。作業中に（頭からアンテナではなく足が伸びている）「アンテナペディア異常」のショウジョウバエを逃がしてしまったことがある（そのハエは食べても無害だという）。逃げたハエをめぐるメールのやり取りの最中に、ザレッツキーは遺伝子が組み換えられた虫がすでにたくさん放たれていることを知る。他方、人間の管理の下で展示されたネズミがその後どうなったかが示されていないと、ＰＥＴＡ（動物の倫理的取り扱いを求める人々の会）のローズはザレッツキーに噛みついた。ザレッツキーは五、六〇匹のネズミのうち展示後一〇匹が持ち帰られ、その他は廃橋の下に逃がされて死んだか食べられたのだろうと応答するとともに、「マルチスピーシーズ・ハウジングの倫理とは何か?」「生き物は人間の管轄下で生きることが許されるべきか?」という問いを発した。そしてザレツキーは、冷たいケージで病みやつれ孤独に苦しむ動物たちは自由に動き回りたがっていると説くPETAに従って、ケージの扉を開いて生き物たちを解き放ったのである。そのことでザレツキーは、人間の管理下に出現した「新しい野生」と、動物たちが長らく自由に動き回っていた「古い野生」の間の境目を曖昧にした。カークセイによれば、ザレツキーは狂った市民科学者を装って運動家や行政官たちの不安と戯れながら、「責任」についての問題提起をし、生物学的汚染に対する恐怖のイメージを喚起したのである[Kirksey 2014]。ザレツキーの「制作的空間」で、人間は他種との間で、自己の身体をじわじわと変容させていく。

身体の変容を伴う〈制作〉は、本源的には、日々のマルチスピーシーズ的な実践の中に埋め込まれている。雑誌『つち式』には、奈良県で数年前から農業に従事する東千茅が身体的に経験し、その目に映る農の風景が綴られている。東は、脱穀した籾《もみ》の山に鼻を近づけて青い匂いを嗅ぎ、自らの生身を作ってくれる稲籾「ほなみちゃん」を慈しむ。退治した蝮《まむし》の肉を鶏と分かち合い、鶏はかわいくかつうまそうだと語る。鶏種をニックと名づけて飼うが、時々鶏に飼われていると感じるともいう。

生きるとは、なによりもまず、他の生き物たちと生きかわすことなのだ。それは、多種多様な生成子たちの、それぞれの個体への作用とそれぞれの個体の外部の作用の、複雑にからみあい織りなす布の一糸となることである。[東 二〇一八:五〇]

個体中心主義的なドグマから翻訳された日本語である「遺伝子」に代えて、「生成子」という日本語を案出した真木悠介(見田宗介)の生命論と交差しながら、東は「土を耕さない」日々の農業の実践をつうじて、他種との間でなされる自己の変容を言葉として紡ぎだす[5]。

「本来生きることは、他人との関わり以前に、他種との関わりの次元の話である」[東 二〇一八:四九―五〇]。「現行の社会では、こうした異種との話が語られることはほとんどなく、人間間の話ばかりが氾濫している(中略)そこには不思議なくらい異種との話が見られない。あったとしてもそれらは、異種との関係を嗜好品的なものに限定するような、あるいは、異種との関係をあくまで同種との関係の手段や代償とするような、人間関係中心主義的な諸相である」[東 二〇一八:九二]。『つち式』は、マルチスピーシーズ人類学が取り組むべき今後の実践的な制作論的課題の一つの方向性を示している。

五　はじまりに向けて

マルチスピーシーズ民族誌としてはじまった試みは同時にマルチスピーシーズ人類学へと拡張され、その後またたく間に、アートやパフォーマンスなどを含む様々な実践と連携しながら、新たな知の領域を形成しつつある。マルチスピーシーズ研究は、人類学の下位部門というよりも、人間を単一の統合された存在として見るのではなく、それらがないと人間が存在しなくなる他の種と絡まりあいを視野に入れながら、人間中心主義的な既存の人文学とその周辺領域を脱中心化する、新たな「思想」となりつつある[6]。

人間と他種という二者間の関係ではなく、人間を含みながら複数種という3＋n者の絡まりあいを。人間に現れる範囲での種ではなく、ともに生きる種たちのダイナミズムを。人間―存在ではなく、人間―生成を。安定的で自律的な「種」ではなく、相依相待によりそのつど作られる「たぐい」[7]を。民族誌を著わすだけではなく、多様なメディアをつうじて制作を。

人間は、身体外部の環境の中の種を体内に取り込みながら生命を繋ぐだけでなく、身体内部に住む一千兆個に及ぶとされるヒト常在細菌の複数のコミュニティーとのマルチスピーシーズ的な関係の中で生きる人間―生成である。ストレプトコッカス・ミュータンスという細菌は、農業により穀物を摂取し、糖分が豊富になった人間の体中で「家畜化」されるようになった。それは糖分を好み、歯周病や虫歯を引き起こす原因となる［ナイト 二〇一八：三四］。

あらゆる生命はまた、複数種との関係だけでなく、非生命との絡まりあいの中にも生きている[8]。マルチスピーシーズ研究はすでに石と人の関係をも研究の俎上に載せてきており［Reinert 2016］、研究対象をモノやコトなどを含む、非生命にまで拡張する兆しがある。人間が生み出した「情報」が逆に人間の思考や行動に影響を与える状況は、科学情報革命の進展によって、とりわけ、モノのインターネット（ＩｏＴ）の広がりにより顕著なものとなりつつある。

最後に、人類には世界の歴史を超えるより大きな歴史があるという考えに基づいて、一三八億年前の宇宙創成にまで遡って、そこから宇宙、地球、生命、人類へと複雑化する現象を探る「ビッグヒストリー」という新しい学問の動きがある［クリスチャン 二〇一五］。私たちの経験からは遠いながらも、宇宙の事象をいかにマルチスピーシーズ研究の射程に収めるかは、宇宙という壮大な外部を想定することで人類や文化を強烈に意識すること目指す「宇宙人類学」の試みとも重なる［岡田・木村・大村 二〇一四］[9]。

民族誌だけでなく、アートやパフォーマンスや種々の実践とも連携し、さらにミクロ、生命以外、マクロを取り入れながら、マルチスピーシーズ人類学は今後その研究と活動をいったいどこまで拡張していくのだろうか。マルチスピーシーズ人類学は、いまその歩みをはじめたばかりである。いや、はじまりに向けてその準備の緒についたばかりなのかもしれない。本号に掲載されるのは、種と種の絡まりあいの考察を今後一層深めていくための起点となる論考である。

註

1 本稿では、マルチスピーシーズ人類学は、マルチスピーシーズ民族誌を含むカテゴリーであると捉える。それらはまた、マルチスピーシーズ研究でもある。

2 清水は、モノを媒体として複数のアクターが競合関係を築き上げるサッカーなどのゲームに注目するセールを議論の出発点に置いている。人間主体にとって、ボールは単なる対象ではなく、それ自体他のアクターの働きかけや関係を集約した「準-客体」である。そのアイデアは、ラトゥールのアクター・ネットワーク理論（ANT）に引き継がれている。ANTでは、中心的な媒体であるモノは、それをめぐって形成される複数のアクターの関与が同時に働くことにより意味が付与される。こうした議論を補強するために清水は、人間や動物などに注目し、外部に置かれた不変のモノを特権化せず、総当り的な相互牽制や相対化の仕組みを重視するヴィヴェイロス・デ・カストロのパースペクティヴィズム論に注目する。「パースペクティヴを持つということは、パースペクティヴとしての位置が、他のアクタントと容易に入れ替わりうるという、この不安定さと引き換えに生じる現象なのである」［清水二〇一七：二二］。そこでは、パースペクティヴを持つ立場がボールのようなものでもあり、ボールとしての「眼」を奪い合うことになると清水は捉える。さらに、図と地はもともと二つのパースペクティヴではなく、地はもう一つの図であり、図はもう一つの地でもあるというように、一方は他方に対して変わりなく振る舞っているという「部分的つながり」を強調するストラザーンを導きとして、人間に現れる範囲でしか語られてこなかったモノの相関主義的理解を乗り越えようとする。

3 この点に関するハラウェイ研究からの展望については、本号所収の逆巻論文を参照のこと［逆巻二〇一九］。

4 人類学の存在論的転回については、飯盛二〇一九：二六一－三を参照のこと。

5 『つち式』に対する多自然主義の観点からの批評については、奥野克巳「現代日本で〈多自然主義〉はいかに可能か――『つち式二〇一七』、ティモシー・モートン『自然なきエコロジー』ほか」参照のこと。http://10plus1.jp/monthly/2019/01/issue-03.php

6 Hartigan, John December 12, 2014 http://somatosphere.net/2014/12/multispecies-vs-anthropocene.html

7 たぐい（kinds）とは、コーンによれば、「生得的であろうと規約的なものであろうとも、単なる人間による知的なカテゴリーではない。これは、諸自己の生態学において存在が何らかの混同を伴うようにして互いに関わりあう仕方から生じる」［コーン二〇一六：三四］。それは、人間が作り出したものである場合もあればそうでない場合もある、関わりあいの中で生みだされるまとまり、科学以前のカテゴリーのことである。

8 文学は人間と非生命の関係を描いてきた。例えば、奥泉光の『石の来歴』は、太平洋戦争中にレイテ島で瀕死の兵士から「石には宇宙の全過程が刻まれる」という話を耳にした真名瀬が、帰国後に石の採集に明け暮れるようになり、長男を採石抗で死なせ、妻を心身喪失させて、家族を崩壊させていく、石と人間の苦楽をめぐる小説である［奥泉 一九九四］。

9 ビッグヒストリーからの試みに関しては、本号所収の辻村論文を参照のこと［辻村 二〇一九］。

参考文献

東千茅『つち式 二〇一七』（私家版、二〇一八年）

飯盛元章「ポスト・ヒューマニティーズの思想地図と小事典」（『現代思想』四七－一：二五〇－六五、青土社、二〇一九年）

池田善昭・福岡伸一『福岡伸一、西田哲学を読む――生命をめぐる思索の旅 動的平衡と絶対矛盾的自己同一』（明石書店、二〇一四年）

岡田浩樹・木村大治・大村敬一編『宇宙人類学の挑戦――人類の未来を問う』（昭和堂、二〇一四年）

奥泉光『石の来歴』（文藝春秋、一九九四年）

奥野克巳「明るい人新世、暗い人新世――マルチスピーシーズ民族誌から眺める」（『現代思想』四五－二二：七六－八七、青土社、二〇一七年）

奥野克巳「マルチスピーシーズ民族誌」（奥野克巳・石倉敏明編『Lexicon 現代人類学』五四－五七、以文社、二〇一八年）

カークセイ、S・E＋S・ヘルムライヒ「複数種の民族誌の創発」（近藤祉秋訳、『現代思想』四五（四）：九六－一二七、青土社、二〇一七年）

木岡伸夫『〈あいだ〉を開く――レンマの地平』（世界思想社、二〇一四年）

クリスチャン、デヴィッド『ビッグヒストリー入門』渡辺正隆訳（WAVE出版、二〇一五年）

上妻世海『制作へ――上妻世海初期論考集』（オーバーキャスト、二〇一八年）

コーン、エドゥアルド『森は考える――人間的なるものを超えた人類学』奥野克巳・近藤宏共監訳、近藤祉秋・二文字屋脩共訳（亜紀書房、二〇一六年）

逆巻しとね「喰らって喰らわれて消化不良のままの『わたしたち』――ダナ・ハラウェイと共生の思想」（『たぐい』vol.1、亜紀書房、二〇一九年）

清水高志『実在への殺到』（水声社、二〇一七年）

清水高志「交差する現代思想と文化人類学」（奥野克巳・石倉敏明編『Lexicon 現代人類学』一四八－一五一、以文社、二〇一八年）

ツィン、アナ「自然も文化も織りなすもつれを追いかけて――マツタケが示すこと、そして傷つけられた地球で生きる技法について」（『ER』六：一六－九、藤田周訳、富士通総研経済研究所、二〇一七年）

辻村信雄「肉と口と狩りのビッグヒストリー――その起源から終焉まで」（『たぐい』vol.1、亜紀書房、二〇一九年）

ナイト、ロブ＋ブレンダン・ビューラー『細菌が人をつくる』（山田拓司＋東京工業大学山田研究室訳、朝日出版社、二〇一八年）

渡辺公三『批判的人類学のために』（言叢社、二〇一八年）

Kirksey, Eben, Costelloe-Kuehn, Brandon and Dorion Sagan 2014 Life in the Age of Biotechnology, in Kirksey Eben(ed.) *The Multispecies Salon*. pp.185-

220. Duke University Press.

Ogden, L., B. Hall, & K. Tanita 2013 Animals, Plants, People, and Things: A Review of Multispecies Ethnography, *Environment and Society: Advances in Research* 40 (1): 5-24.

Reinert, Hugo 2016 About a Stone: Some Notes on Geologic Conviviality. *Environmental Humanities* 8: 95-117.

Simun, Mirium 2014 Human Cheese, in Kirksey Eben(ed.) *The Multispecies Salon*. pp.135-144.

Stepanoff, Charles and Jean-Denis Vigne 2019 Introduction, in Stepanoff, Charles and Jean-Denis Vigne(ed.) *Hybrid Communities: Biosocial Approaches to Domestication and Other-Species Relationships*. pp.1-20.

Tsing, Anna Lowenhaupt 2015 *The Mushroom at the End of the World: On the Possibility of Life in Capitalist Ruins*. Princeton University Press.

van Dooren, Thom 2010 Pain of Extinction: The Death of a Vulture, *Cultural Studies Review* 16(2), pp. 271-289.

van Dooren, Thom, Eben Kirksey and Ursula Munster 2016 Multispecies Studies, *Environmental Humanities* 8(1): 1-23.

森の言葉 序説——全てのひそひそ話のために

上妻世海

一 森を歩く

僕は拙著『制作へ』で言語を身体と地続きなものとして統一的な図式を提示した。一般的に言えば、未だに言語と身体は分離された異なる領域として捉えられることが多いし、規範的で恣意的なシンボル体系のことを言語として捉える見方は根強く残っている。多くの人にとって、主語=属詞=動詞という構文だけが正しい言語体系であり、それ以外の言語について想像することすら困難である。

これから詳細に説明するが、シンボル体系は三人称で普遍的な完了形なので、アルゴリズム（計算手続き）として定式化するのに向いている。故にそれは機械論的世界観と親和的であり、煩雑な手続きを自動化することを可能にする。確かに、シンボル－アルゴリズム体系が我々の社会を便利で快適にしてきたことは事実である。そして、僕はこの体系に反旗を翻したり否定しようとしているわけではない。シンボル－アルゴリズム体系は人類の可能性の一つである。しかしながら、もし僕たちが現実に真摯であろうとするなら、言語はシンボルだけによって構成されているわけではない。そして、その事実を知ることでシンボルマニピュレーションが支配的である現在の情報社会を生き延びる術を得ることができると僕は考えている。

シンボル体系=言語という世界観を元にすることで、言語は人間だけのものとなる。言語は人間の共同体の中で閉じたものとなり、故に、文化やそれに紐づいた言語が認識を規定し、異なる文化－言語圏の他者とのコミュニケーションは通約不可能であるという類の主張が妥当性を持つ。しかし、これから示すように、言語とは内臓感覚－体性感覚－特殊感覚［1］に貫かれた生命的かつ調和的なシステムである。そして、言語は記号論的に表現すれば、イコン－インデックス－シンボルの階層的で入れ子状の複雑なシステムをなしている。それはデイヴィッド・エイブラムの「人間の言語は、人間の身体や共同体の構造によってのみ特徴づけられているのではなく、人間以上の大地の喚起力に富む地形や型の影響も受けている。経験的に考えれば、言語が人間という有機体の特別な所有物でないことは、言語が私たちを包み込む生命ある大地の表現であるということと同じである」[2]という主張を裏付け、言語の可能性を切り開くものである。

本論では『制作へ』で示した言語観を踏まえつつ、記号論の視点から再度その言語観を補強したい。そうすることで、人間だけでなく、異種間交感を前提とした「共異体」のための言語をより明確に示すことができるだろう。そして、それは言語―身体―生命という図式を再度提示し、自らを生命と進化の連なりの中に位置付けることを可能にする。ただ、この『たぐい』では、紙幅の都合上で、僕が現在構想している議論のすべてを掲載することはできない。その全貌については、亜紀書房から刊行を準備している二冊目の著作で明らかにしたい。

ともかく、古くも新しい言語を見いだすこと、僕にとってこの論考がその第一歩である。

二　音楽としての言語―身体

僕は「制作へ」の冒頭、そして末尾に、宮川淳の「鏡について」からテキストを引用した。その目的は「制作へ」で何故言語の再定義を扱うのか、そして言語の再定義が「制作」という概念にいかなる影響を与えるのかを暗示することである。まずは繰り返しになるが、宮川の引用から始めることにする。

個人の時代に代わるもの、それは、しばしば素朴に信じられがちなように、集団の時代なのではない。そうではなく、ある非人称の時代。なぜなら、個人の時代が終わったとすれば、問題は、主体＝客体という二元論と、そして認識↓伝達（現実の主体的な再現）という二重過程との上に成立してきた近代の古典的な認識論そのものの崩壊にほかならないからであろうからだ。そして、このコギトの消滅のうちにあらわれるもの、それはそれ自体の存在における言語であり、イマージュであり、コミュニケーションでなくて、なんだろうか。[3]

「芸術とはなにか」という問いはなぜもはや不毛な問いでしかありえないのか。それはこの問いを問いとして可能にする「芸術は……である」という答がもはや成立しないからだ。「芸術はaである」をbに代え、cに代え、あるいはa＋b＋c……としても、この事情には変わりはない。むしろ、われわれは「芸術は……ない」という否定形でしか芸術について語れなくなっているのだ。つまり、この答が成立しえないとすれば、問題は属詞にあるのではなく、この主語＝属詞＝動詞という様態そのものにあると言われなければならないだろう。[4]

ここで宮川が主張していることは、個人の時代に代わるものは非人称の時代であるということ、そして芸術を語りえないのは個人の時代における図式（「芸術は……である」）が原因であるということである。つまり、主体＝客体という二元論と、そして認識→伝達（現実の主体的な再現）という二重過程との上に成立してきた近代の古典的な認識論に代わる図式を提示しなければ、芸術について語ることはもはや不可能であるという宣言である（そしてそれは芸術だけではないだろう）。

宮川は「語りえない」という否定形で語るだけでなく、僕たちにその先に進むヒントを仄《ほの》めかしてくれた。そのヒントとは「それ自体の存在における言語であり、イマージュであり、コミュニケーション」である。僕が彼のヒントを引き受けて「制作へ」の中で試みていたことは、二元論とそれに基づくコミュニケーションの図式に代わる、内臓感覚−体性感覚−特殊感覚に基づく言語＝身体論の提出である。それは、ここで言われているように、それ自体の存在における言語とイマージュとコミュニケーションを扱う図式である。そして、僕は、その図式を前提にすることで「制作」という概念を理論的に語ることが可能となると考えた。では「制作へ」の中で提示されている言語＝身体とはいかなるものであろうか。それは理論への前提である。ここを明確にしなければならない。まずは取っ掛かりとして、山本浩貴により「制作へ」への応答として書かれた「制作的空間と言語」の要旨を引用する。

「制作へ」は、《三種の「よって」》の整理に代表されるように、零地点的領域から制作的空間に入り、そこでの五感の組み替えによって私や身体が別のかたちに再構成されるという、垂直方向の動きを通して水平方向の動きが生じる過程として〈制作〉を論じる。

そしてその議論のなかで、言語をめぐる再定義が、具体例＋内実として展開されている。曰く、言語とは、《アニミズムの実践的側面であり、その世界製作の仕組みそのものである》ミメーシスがもたらす主客未分化状態＝融即において、身体の振る舞いが事後的に制作する、《「肉的相互交流と参与＝融即から生まれる感覚的で身体的な現象」》である。[5]

ここでは二つの水準のことが書かれている。第一に私や五感の組み替えを伴う制作過程について、第二に言語の再定義である。そして、その二つは混淆し錯綜している。同じことの表と裏であると言っても良い。しかしそのことを確認する上で、まず振り返っておかなければならないことがある。それは、僕が言語を再定義しなければならないと主張する理由の一つが「身体性」や「他者」という概念をマジックワードとして扱わないためであったということだ。

例えば、主体＝客体という二元論と、そして認識→伝達（現実の主体的な再現）という二重過程との上に成立してきた近代の古典的な認識論そのものの問い返しを行うとする。すると、言語で解決できない、あるいは語り得ないとされる領域が炙り出される。最終的な結論は「故に身体性が重要である」あるいは「他者は究極的には理解しえない」である。「身体」という零点に結論を持ってくるか、あるいは「他者」という超越に答えを見出すか。この論法は、二元論の基礎となる零点、あるいはその外部を措定することで、二元論の限界を示しつつ、それを支える、あるいは超えた神秘的な領域を暗示するものと定式化できる。これは二元論を問い返す議論の中でしばしば見られる論法である。

確かに「身体性」や「他者」が重要であるという直感は間違ってはいないだろう。しかし、よくよく考えてみると、そこで言われている「身体性」「他者」の内実は不明瞭なままである。僕は「身体性」や「他者」そのものの内実に迫る必要を感じていた。そうでなければ、私や五感の組み替えが意味することに迫ることができない。私の、そして五感の何が、どのように組み換わるのかが明確化できない。それは神秘化し誤魔化しているだけである。しかし、言語で記述し尽した後に現れる余剰領域や言語を支える条件自体を「身体性」や「他者」として表象しているからには、そこで用いられている言語の前提を受け入れるのであれば、字義通り語ることができないはずである。なぜなら言語で記述不可能な領域をそれらで表象しているのだから。それは不可能であるということを別の表象で表しているに過ぎない。しかしここで、一つの疑念が頭を過ぎる。出発点が間違っているのではないか？　そもそも分析道具として用いている言語そのものに問題があるのではないか？　もし言語を恣意的で規約的な体系ではなく、別の仕方で定義しなおすことができれば、その言語を用いて別の仕方で記述することが可能なのではないか？　かくして僕は言語とは何かという問いを再考することを迫られた。そして、僕は、中村雄二郎の『共通感覚論』で展開されている議論を参照することで、内臓感覚－体性感覚－特殊感覚を貫くものとしての言語という再定義したのである。

共通感覚は感覚と理性の変換点であり、想像力の座であった。いいかえれば、その働きは身体を基礎として身体的なもの、感覚的なもの、イメージ的なものを含みつつ、それをことばつまり理のうちに統合することである。また、サブ言語としての身体言語からいわゆる言葉への通路を開くことでもある。私たちの感性は、共通感覚をとおして活性化され、整えられ、秩序立てられなければならず、また理性は共通感覚にしっかり根をおろすことが必要である。感性のいたずらな放散と理性の不毛な形式化を免れるためには、共通感覚をいきいきと働かせることが大いに役立つはずである。このようなものとして共通感覚を、またその十全な意味を捉えなおす上で、統合関係と連合（範列）関係、あるいは結合関係と選択軸という二つの関係軸の直覚的な交叉から成る言語活動ほど、好都合な手がかりは少ない。なぜなら、語の自由な選択と結合とによる自由な言語活動は、デカルトやチョムスキーのいう理性や良識よりも、共通感覚の覚醒によってはじめてなされるからである。[6]

中村雄二郎によると、共通感覚は五感を統合する座としての機能を指しており、常識は社会の中での約束事の束を指している。しかし、もともと共通感覚と常識はコモンセンス（センスス・コムーニス）という同じ語彙で指し示されていた。確かに、別の視点から捉えたら、五感が統合した結果が毎回同じであれば、それは常識として固定化していく。例えば、林檎を眺め、手に取り、口にする際に、毎回「林檎は赤くて丸い甘い果物である」という統合が生じるのであれば、五感を統合する座と社会的約束事の束の間に差異は生じない。それは常識と呼びうる。しかし、共通感覚は五感を統合する座であり、常に常識的な統合を行うわけではない。例えば、シェイクスピアの戯曲の台詞「あの窓が東の空ならば、ジュリエットは太陽」のように、一見無関係なジュリエットという美少女と太陽という恒星を結びつけることができる。そして、それは「ジュリエットは美しい」という一文よりもはるかに豊かな意味を伝えることができる。普段日常生活を送っていると、この二つの領域は重なって見える。故に共通感覚は常識と同じであるという常識を持ってしまう。しかし本来、そこにズレがある。共通感覚は想像力によって五感を統合する領域であり、常識とは異なる統合を行うことも可能なのである。

中村は共通感覚をマジックワードとして扱うのではなく、その十全な意味を捉え直すために、結合関係と選択軸という二つの関係軸の交叉からなる言語活動を手がかりにするべきであると仄めかした。何故なら、異種感覚情報の統合（クロスモダル抽象概念）がどの器官によって形成されているか追求することは、もちろん解剖学的な事実解明として重要かもしれないが、共通感覚の可能性をいかに考えるかとは無関係だからである。中村雄二郎のように共通感覚の場所を体性感覚に定めたとしても、ラマチャンドランのように角回に定めたとしても[7]、実際、体性感覚をどのように用いたら良いのか、角回をどのように用いたら活性化するのか、具体的なアプローチには繋がっていかない。この共通感覚と常識のズレを明らかにし、共通感覚の活性化を行うためには言語の可能性を示す必要があるのだ。

言語は理性による形式化された常識的なものだけでなく、共通感覚による想像力に基づく換喩と隠喩を可能にする。そして、我々の気分、無意識に影響を与えている内臓感覚も、文体として反映しうる。それは、言語が規約的なものに限定されるだけでなく、特殊感覚（視覚、聴覚、嗅覚、味覚、平衡感覚）という脳神経によって信号の伝達されるもの、体性感覚（触覚、圧覚、温覚、冷覚、痛覚、運動感覚）という体性脊髄神経によって伝達されるもの、内臓感覚（臓器感覚、内臓痛覚）という内臓神経によって伝達されるものに貫かれているということを意味する。言語は身体に貫かれている。言語は身体と平行関係がある。ラマチャンドランも「共感覚が一見無関係な知覚的要素（色や数字など）を勝手に結びつけてしまう状態だとすれば、隠喩は一見無関係な概念的領域を結びつけてしまうことだといえる」[8]という。彼も共通感覚と隠喩の並行性を指摘しているのだ。つまり、言語の可能性を開くことは、共通感覚を常識から分離し、その能力を十全に把握することを可能にする。言語を特殊感覚―体性感覚―内臓感覚に貫かれたものとして再定義することは、共通感覚も含めた身体というマジックワードに迫ることを可能にする。そして、言語―身体論を前提にすることによって、私と五感の組み替えを理論的に描写することができる。僕が言語の再定義にこだわる理由は、そうでなければ「制作」を神秘化してしまうという危機感があるからである。

ここまでで言語の再定義がいかに五感の組み替えを具体的に見ていく事例として有効であるかを振り返った。身体を論じることは難しい。その部位がどのように機能しているかを明らかにしたとしても、その機能をいかに活かしていくべきかを論じるのは困難である。言語＝身体を示すことで、つまり言語を再定義する只中でこそ、「制作」について論じることができる。ここからは「制作へ」での三種の「よって」に基づく制作過程の整理を別の角度から見ていこう。とりわけ本論では、言語の再定義にとって重要な「因って」と「依って」を再検討する。そこで僕たちは言語の側から「身体性」や「他者」と出会い、共に「経験を生成する現場」に立ち会うはずである。そして、「因って」と「依って」がハーモニーを奏でる時、僕たちは活き活きと言語を用いて踊ることができることを示す。

三 「ひそひそ話」と「盗み聞き」

まずここで語られている三種の「よって」とは、「因って」「依って」「由って」のことである[9]。すでに述べたように、本論では「因って」と「依って」を再検討することを通じて、言語の可能性について示していきたい。まずは第一の「因って」から始めることにする。

第一の「因って」が意味しているのは「原因」と「結果」で世界を記述し、「私が対象を見る」という仕方で世界を観察することを許す現代における日常的な様態のことを指している。それは「私は私である」という自己同一性を前提とする。なぜならその世界観の下では、私は対象と切り離されていることが前提となっているからである。私は外側から対象を眺める。そして私が対象から影響を受けたり、対象に影響を与えることは否定される。なぜなら、客観的な記述を可能にするために、主観性は対象から切り離されなければならないからである。そして客観的な記述のみが科学として認定され、信頼に値するとされる。それによって「生命とはDNAである」や「生命とは自己組織化である」など、名詞＝確定記述の束による記述が可能になる。お分かりのように、それは宮川淳が批判した「主語＝属詞＝動詞」という文法である。

とはいえ、批判されるからには、外部記述の問題を明確にしなければならない。乗立雄輝はその問題を「記号・生命・習慣」という論考の中で三つに分類している。(1)生命現象を記号過程として記述していくとき、記号過程の「外部」の存在を暗黙の内に前提してしまう危険性、(2)生命活動の担い手である「主体」という存在を、記号過程の内部における単独の項として認めることから発する問題、(3)生命現象の記述の総体のみでは、生命の統一的な連続性や自律性を確保できないという問題である[10]。

(1)の問題は、対象とは切り離されたかたちで、解釈する「主体」を措定することによって生じている。原因と結果の連鎖として世界を外側から見るということは、その連鎖になんの影響も与えない観察者が必要となる。定義上、神以外にそのような観察者を想定できない以上、我々人間には外部記述が不可能であることは自明である。自明であるとはいえ、社会はその図式を必要としている。なぜなら、簡易的で便利だからである。毎回複雑なコミュニケーションを行うコストを取ることが、実際的に不可能である以上、この説明原理は機能し続ける。そのことも認めなければならない。結果に対して、原因が求められ、責任が追及されるシステムは社会にとって必要かもしれない。それは社会運営の言語である。

(2)の問題は、予め解釈者としての主体を全ての記号過程の中心に定項として据えることによって生じる問題である。記号過程という言葉を聞きなれない人もいるかと思うが、ここでは記号→解釈→記号→解釈という流れのことを指していると考えてほしい。エドゥアルド・コーンは記号過程を「諸記号の創造と解釈」と呼ぶ[11]。あらゆる記号の産出と解釈は記号過程から生じる。つまり、ある生命体は別の生命体との関係に入り込むことで単独の項として表象されるのであって、初めから定項として存在しているわけではない。それでも定項としてあらゆる解釈の中心に措定するのであれば、その定項はある生命体と関係する時に、翻って表象されることとなる。つまり、その定項自体は他の生命体との関係によって受動的に表象される零点となってしまう。しかし、それでは定項自体が何かを説明することはできない。問題はここにある。対象と切り離された主体は存在しないのである。あらかじめ存在する定項を定めると解釈の中心をブラックボックスに変えてしまう。このことをエドゥアルド・コーンは次のように記述している。

記号は精神に由来しない。むしろ逆である。私たちが精神あるいは自己と呼んでいるものは、記号過程から生じる。倒壊するヤシを意味あるものと見なすその「誰か」は、人間であれ、非人間であれ、この記号とそれに似た多くのほかのものの「解釈」のための座となる——どれほどはかないものでも——おかげで、「時間の流れにおいてちょうど生まれたばかりの自己」である。実際に、パースが扱いにくい「解釈項」という用語をつくり出したのは、自己をある種のブラックボックスと見なす「ホムンクルス」(私たちのうちなる小人ホムンクルスの誤謬」を避けるためであった。ブラックボックスとしての自己とはこれら記号の解釈者であって、それ自体は記号の産物ではない。人間であれ非人間であれ、単純なものであれ複雑なものであれ、諸自己は、その結果が未来の自己であるような新たな記号解釈の出発点であると同時に、記号過程の効果である。さらにそれらは、記号過程の中継点なのである。[12]

(1)と(2)は定項を超越点として分離された仕方で外に置くか、零点として否定的に内部に措定するかの違いであり、裏と表の関係である。そして、お分かりの通り、この二つの問題は先に論じた二元論における「他者」と「身体性」

と同様である。世界には零点も超越点も存在しない。「諸自己は、その結果が未来の自己であるような新たな記号解釈の出発点であると同時に、記号過程の効果である。さらにそれらは、記号過程の中継点なのである」[13]。

最後の問題に進もう。(3)は前提とされている記述言語の特性によって生じる問題である。実は、ここで「生命現象の記述の総体」が意味していることは、『生命現象の「結果」の記述』であるということなのだ。どういうことか。ここでは補助線として「生命記号論と内部観測」というシンポジウムでの松野孝一郎の発言を元に考えてみたい[14]。「生命現象の記述の総体」と言う時、生命は静的なものではなく動的なものであることが前提とされている。そして、動的なものであるからには、具体的な個別の運動体を観察することが前提に置かれる。言い換えれば、自らの視点でもって、個別の対象を観察することが前提される。しかしここに問題が生じる。視点は盲点になる。なぜなら、僕たちは、自らがどのような視点で観察しているかを観察対象からの反応、反映、指し返しを経て知るからである。

これは「制作へ」の中で「蝶番《ちょうつがい》」という概念として主題化したものである。例えば、狩りの時、僕たちは獲物の視点から自らを見ることで、翻って、自らの行動をいかにとるべきかを知る(獲物が僕がどう動くと考えているかを知ることで、その裏をかくことができる)。あるいは、チェスの場合、自らの駒の動かしうる可能世界だけでなく、向かい合った対戦相手がどの駒をどのように打つかを考えることで、翻って、自らの打つべき手を知る。中沢新一は『東方的』の中でこのような「蝶番」という概念について次のように語っている。

鏡を見ている人は、ちょうどチェス盤を前に向かい合うふたりの人間同士のように、自分のイメージと対称的な関係で、向かい合う。ところが、鏡の表面では、左右の反転が起こっているのである。こういう鏡の不思議さをめぐって、デュシャンの時代には、カントの議論がよく知られていた。カントは右手と左手のように三次元世界において対称的な物体を、そのままひっくりかえすには、空間における第四の次元が必要であることを、はっきりとしめした。ヒントンは、わざと左右をとりちがえさせるのが、四次元的思考へいたる最良の道だ、とも語っている。左右のとりちがえをおこしながら、日常生活に支障をきたさないで行動するためには、その瞬間瞬間に世界を鏡像的にひっくりかえす思考に、巧みになっていなければならない。

こういう「鏡像反転」や「ひっくりかえし」は、したがって、四次元世界が三次元の世界に接触する、その「ちょうつがい」の部分でおこるはずなのだ。鏡の表面が、人間の視覚にもたらす効果は、この「ちょうつがい」の働きにかぎりなく近い。[15]

松野孝一郎はこのような一人称–二人称の現在進行形で「指された後に相手を指すという行為が、実は経験の生成する現場である」と言う[16]。何故なら、この指し示すこと、指されることを巡る往還運動こそ、受動を能動に、能動を受動に変換することであり、その変換運動こそが生成を担っているからである。「蝶番」の機能がこの双方向の変換を担っていることは、狩猟の例、あるいはチェスの例を思い返してもらえれば分かるだろう。一方的に自分の好きなように獲物へ攻撃を仕掛けたり、駒を動かしたりしていたら、相手に裏をかかれて簡単に負けてしまう。そうではなく相手の立場になって、その裏をかかなければならない。そして相手も同様にこちらの立場になって裏をかこうとしている。故に、この「鏡像反転」は相手の視点へと憑依するだけでなく、相手の想像する自分の視点にも立たなければならない。それは能動と受動を何度も往還する運動なのである。

これは第二の「依って」が担っているシンボル体系を下支えするミメーシスの問題であり、インデックスの問題である。そして、少し先取りして言えば、運動や生成を扱う時、僕たちは個別具体的な生命の変化を扱うが故に、一人称–二人称的な記述言語を用いる必要が生じるのである——この「私とあなた」の間にある対話的な往還、一人称–二人称的な言語を松野は「ひそひそ話」と呼んでいる。

僕は上記のシンポジウムの松野の発表を読んでいて、これは恐らく、僕が「制作へ」の中で「制作」を対話的–往還的運動として定義していることと同義であると感じた。「制作へ」から「制作」の概念を描写している部分を引用する。

環境によって身体を作られるな。作られつつ、作ること、作りつつ、作られること。受動的な状態から往還的な状態へ移行すること。能動的な状態ではない。それは幻想にすぎない。自分勝手な幻想を媒体に投影するな。媒体には媒体に固有の特性がある。媒体と対話することで私と対象の双方が生成される。事前にすべてを把握する主体は存在しない。[17]

このように、制作においても、狩猟においても、チェスにおいても、一人称–二人称的な対話による往還運動、あるいは松野の言葉を再度引くなら、「経験の生成する現場」が立ち現れる。私とあなたを前提とした言語は反復可能性ではなく一回性を志向する。例えば、「制作」において、偶然手が滑って引かれた線が画家にその先を暗示し、画家はそれを引き受ける形で修正や加筆を行っていく。画家は描いているのか描かされているのかわからなくなる。それはキャンバスとの対話の中で対話そのものの方向性が動いていく運動であり、事前に完成された青写真があるわけではないのだ（つまり固定された主体が存在しているわけではない）。

しかし、外部記述が前提としている盲点のない客観的な記述は個別具体性とそれに伴う運動を消去してしまう。なぜなら、上述したように、「蝶番」の運動は見ることで見返される、見返されることで見るという運動だからである。見ることなく見返されることはなく、見返されることなく見ることはない。その現場に自らの視点で参入しなければ運動はなく、死んだものを見ているのと同じである。それを生命の記述と呼べるだろうか。もし躍動する生命を記述するのであれば、外部記述ではなく「経験の生成する現場」に自らの視点で参入すること、つまり、内部観測が求められるのだ。内部観測が意味することは非常に大きい。なぜなら、そもそも情報とは、グレゴリー・ベイトソンが『精神と自然』において「差異を産む差異」[18]と定義したように、客観的に定量化できるものではなく（つまり外部観測はできない）、志向性を持った生物との関係性の中で生じるものだからである。ここでベイトソンの黒板とチョークの話をしよう。それは換言すれば次のような話だ。

僕が今黒板の前に立っていて、チョークを握っているところを想像してほしい。僕は黒板にチョークを押し付けて厚みのある点を作る。ちょんと白い点を書くのではなく、力を込めてグッと押し付けながら点を作る。そして、僕は黒板に対して垂直に指――触覚の最も鋭敏な部分――を近づけていく。その点に触れないように黒板に触れる。僕はツルツルな黒板を感じる。段差の感覚を感じない。僕はそれからそのチョークで作られた点を横切るように指を動かす。すると、僕ははっきりとした情報を手にする。変化のない黒板の上を滑らかに進んでいた僕の指は盛り上がった点の縁と出合う。僕は時間上のその点に一つの非連続、一つの段を感じる[19]。ベイトソンはこの非連続のことを情報と呼ぶ。なぜなら、それは僕の感覚の中に「滑らかな平面から段差へ」と差異を生じさせた差異だからである。

その昔カントはこう論じた。この一本のチョークは数百万もの〝可能なる事実〟を含んでいるが、その中でごく僅かのものだけが、事実に対して反応する能力を備えた存在の行動を左右することによって、真の事実になると。カントの事実という言葉を、私は差異という言葉で置き換えて次のように指摘したい。このチョークには無限の差異が可能性として含まれているが、その中でごく一部のものだけが、より大きな存在の精神プロセスの中で、実効的な差異（各情報項目）になると。それらのちがいを生むちがいこそが、情報なのである[20]。

我々の感覚系は出来事（変化）に対してのみ作動する。その変化を受け取れる／受け取れないは我々の感覚系に依存する。そして、情報がどんな情報かは、その個体が差異をいかなる差異として解釈するかに依存する。つまり、どんな個体が「経験の生成する現場」に参入しているかによって、生じる情報は異なるのである。これは情報を一般化できない最大の理由である。情報は個体に依存する。生物学者ジェスパー・ホフマイヤーは「ある晩に私がツグミが不意に鳴き出すのを聞いたとすると、私は木を見上げ、その鳥を見つけようとするだろう。言い換えると、私の耳に届いた音は、身近のどこかにツグミがいるに違いないという効果を持つインフォメーションを私の脳に作り出す。蛾が近くの壁にぴったりついていたとしても、このツグミの鳴き声は蛾にとってはまったく何のインフォメーションももたらさない。ツグミの歌は蛾には聞こえない。完全に相違を作らない相違がこれである。それゆえ、インフォメーションではない。そして私の小さい息子は「鳥」と言おうとするかもしれないが『ツグミ』とは言わないだろう。彼は、同じ歌声から別のインフォメーションを引き出したことになる」[21]という。これは言い換えれば、情報の基板には個と個の「蝶番」があり、一人称–二人称の関係があるということだ。そして、その間にある翻訳過程こそが情報を生み出しているのである。

パースは、この翻訳過程を記号過程と呼んだ。そして、主体と客体という二項関係ではなく、記号と解釈項と対象という三項関係による記述を必要なものと考えた。パースの記号の定義をホフマイヤーが言い換えたものを引用すると「記号とは……ある観点なり立場から誰かに何かを表すもの」[22]である。つまり、ある観点なり立場がなければ記号は存在しえない。しかし、これは事前に対象と切り離された主体を設定することとは異なる。なぜなら、情報そのものは個と個の接触以前には存在しないからである。個それ自体の情報は接触することによって生じる。接触以前には個の情報は存在しない。つまり、外部から観察するのではなく「経験の生成する現場」に参入することによってのみ、記号は産出されるのである。まさに僕たち一人一人は「時間の流れにおいてちょうど生まれたばかりの自己」なのである。しかし、さらに事態は複雑である。なぜなら、接触以前に接触を可能にする主体性がなければ接触することすらできないはずである。個が先か、関係が先か？ここにも二元論が入り込んでくる。パースは「習慣」概念を提示することでその問題を解決しようとした。ここで言われる「習慣」とは何だろうか？　記号過程が進むにつれて、ある淀みのようなものができるのだ。乘立雄輝はパースの「習慣」概念を次のように整理している。

(1)記号の究極的な論理的解釈項としての「習慣」＝記号と対象とを媒介する能力（↓「記号」性）

(2)記号過程の連続的な生成・発展を可能にする「習慣」＝記号過程において、先行する記号過程の一局面と、それに後続する局面を連続的に媒介していく能力（↓連続性の確保）

(3)実在的一般者としての習慣＝記述する「主体」と、記述される「対象」（＝実際の生命活動）とを媒介する能力（↓視点の内在化）[23]

(1)で言われていることは、「習慣」とは記号と対象を橋渡しする媒介＝関数であるということである。つまり、ここでパースは解釈項のことを「習慣」と呼び換えている。しかし、なぜ解釈項を「習慣」と呼ぶのだろうか？　ここに(2)の「習慣は記号過程の連続的な生成・発展を可能にする」という要素が関わってくる。例えば、先のツグミの鳴き声の例を思い出してほしい。ホフマイヤーはツグミの鳴き声を聞き、木の上の方を眺めたが、蛾はそれを聴くこと（記号として解釈すること）ができなかった。ホフマイヤーはツグミの鳴き声→ホフマイヤー→木を眺めるという差異と流れ（記号過程）を生み出したが、蛾はそれを生み出すことができない。しかし、それは蛾にとってツグミが関係を持たない生物だからである。つまり両者は接触することが滅多になく、差異（情報）を生み出すことがない。もし仮に、蛾にとって鳴き声を聴ける／聴けないが生存に関わることであれば、何らかの危険を察知し避けることができる蛾は生き残り、そうでない蛾は食べられてしまうだろう。そうすると、蛾の中にそれが生存を左右する要素として機能するようになる。感知→逃げるという「習慣」が重要性を帯びる。その「習慣」を持つ蛾が多くの生殖機会を得、世代をまたいでその能力が形成される。

もちろん、ここでの「習慣形成」のありかたは個別具体的であり、故に多様な「習慣」が生成される。なぜなら「習慣形成」の元には出会いがあるからである。蛾とツグミは出会わない。故に「習慣」が形成されることはない。しかし、世界には多種多様な出会いが存在するだろう。「習慣形成」には「一人称―二人称」の往還運動が必要である。どの個とどの個が「蝶番」の運動を行うかによって「習慣形成」は別様に現れる。つまり、個別具体的にならざるをえないのである。

そしてこの「習慣形成」は終わりなきプロセスである。ホフマイヤーは「ツグミ」の鳴き声と解釈し、彼の子供は「鳥」の鳴き声と解釈したことを思い出して欲しい。子供が成長し、学習機会に恵まれ、その鳴き声は「鳥」というクラスの「ツグミ」というメンバーであると知れば、次にその鳴き声を聞いた時、彼の子供も「ツグミ」の鳴き声であるという解釈を行うようになる。これは新たな「習慣」が形成されたことを意味する。個によって、差異を生み出す／出さないは決定する、あるいは産出する差異に違いがあるように思われる。しかし、差異を生み出すものは「習慣」であり、差異に違いを生み出すのは「習慣形成」なのである。個や解釈項と呼ぶと固定的なイメージがあるが、パースはこれを「習慣」とすることで、この動的な習慣形成の側面を強調することができたのである。

さらに、この(1)(2)を前提とすることで(3)を理解することができる。繰り返しになるが、解釈項とは「習慣」である。しかし、その解釈項には「習慣形成」という可塑的な能力もある。中村雄二郎の共通感覚と常識の差異と同じように、毎回の出会いにおいて同様の行為、あるいは知覚が生じているのであれば「習慣」は固定化される。共通感覚が常識に隠されてしまうのと同じように、「習慣形成」も「習慣」に覆われて見えなくなる。しかし、この出会いの中で「蝶番」の運動を往還することとさえできれば、いつだって「習慣形成」は生じる。「蝶番」の運動は尽きることはない。物質のもつ情報ですら、固定化されることはない。なぜなら、画家がキャンバスと向き合う時のように、本来物質とは汲み尽くせないものであり、真摯に向き合えば向き合うほどに異なる側面が語りかけてくるからである。

対話が生じないのであればそこに「習慣形成」は生じ得ない。そして、相手に対して、固定された「習慣」＝解釈項によって、同様の記号を産出することになる。ここに解釈項が透明化し、記号＝対象という図式が成立する余地が生まれる。逆の側面から言えば、僕たちは「経験を生成する現場」に立ち会うことでのみ「記号過程」を生きることができ「習慣形成」が生じるのである。その時、「経験を生成する現場」と「習慣形成」は同時に生成している。僕はテキストを書く。書くことで書いたものから返答が生じ、逡巡し、修正や加筆を迫られる。僕は書く、応答する、思考する。書いているのか書かされているのか分からなくなる。「習慣形成」は「現場」で生じているし、「現場」も「習慣形成」によって生じている。現場への参入だけが、僕を生成し、僕は生まれ変わり続けることになる。そして、そこで、対象も生成し、生まれ変わり続けている。

「現場」＝「習慣形成」の中で「僕とあなた」の生成は生じているわけだが、仮に誰かがそれを離れたところから見ると、僕とテキスト（僕とあなた）は分離してみえる。そうすることで二人以外はそこにアクセスする。それ以外にそうする方法はない。しかしそこには外在化、切断が生じているのも事実である。それは「ひそひそ話」を盗み聞きすることなのだ。分離は避けられない。恋人たちの会話に耳をひそめるバーテンダーのように、本来部外者なのである。しかし、その分離さえ念頭に置けるのであれば、内在記述はこの形成過程から生成された現時点における最も近似的な一致である。そして、(3)において、「習慣形成」によって内在的視点が確保されるというのはこのことなのである。この形成過程から生じた私と対象はこの時点ではそうであるが故に正しい。もちろん、それは間違いでもある。なぜなら、それは終わることはないプロセスなのだから。そして、このような主体性＝習慣形成を媒介にした記号産出と解釈のプロセス（記号過程）こそが生あるプロセスなのである。エドゥアルド・コーンは「記号過程とは、この生きている記号のプロセスを表す名であり、それを通じて、ひとつの思考が別の思考を引き起こし、別の思考へとつながり、さらには潜在的な未来を引き起こすことになる」[24]と言う。それは「ひそひそ話」の連鎖である。私とあなたの対話の連鎖なのであり、そこに三人称一般が入り込む余地はない。僕とあなたは生まれ変わりつづけるのだ。

しかし同時に「ひそひそ話」は主観性として科学的言説ではもっとも忌避されるものである。何故なら、科学とは普遍性、反復可能性を志向したシステムであり、一回性や個別性は排除されなければならないからである。科学ではこれまで批判してきた外部からの記述が推奨される。主体と対象を切り離すことで、盲点のない客観的で公共的な景色が観察可能であるという前提を置くのである。松野は「一人称、二人称を三人称現在形に橋渡しするもうひとつの可能性は、進行形を完了形に変換すること、つまり記録です」[25]という。現在生成している只中は表象できない。しかし、完了したこと、つまり「結果」であれば客観的に記述できる。しかし「生成現場」と「生成の結果」は異なる。音楽のライブ会場で起こっていることと、その動員人数や売り上げは等号で結ばれることはない。「恋人たちの会話」と「盗み聞きするバーテンダーの解釈」は異なる。松野は「進行形」と「結果」の違いを説明するために、進化と自然選択を例に挙げる。自然選択は結果である。それは「結果」として生き延びている生物に対して、自然選択という「原因」を与える。しかし、進化は現在進行形で生じている。進化は個別具体的に進む。それは具体的な視点を持つ生物が絶えず、能動と受動を切り替えながら／切り替えられながら変化していく過程である。

例えば、ジェスパー・ホフマイヤーは、進化がいかに現在進行形で生じているかを論じている[26]。DNA配列から生体が作られるというとき、DNA情報を読み取るのは受精卵である。一次元のデジタル情報であるDNAは受精卵という解釈項によって三次元のアナログ情報として個体発生する。しかし、記号過程はそこで止まるわけではない。連鎖しつづける。個体発生し、身体をもった生物は環境の中に各々の生態学的地位（ニッチ）を持つに至る。環境には多数の異種もいれば、気候の影響も受ける。各々の生物はそのような広い意味での環境の中で各々のニッチを見出すのである。したがって、環境というよりもより個別的なニッチが系統（進化の単位としての種）という解釈項によって読み取られDNAに影響を与える。このことをホフマイヤーは「世代毎に種とニッチの照合が行われ、その度ごとにその種と環境の相互作用が異なった結果を生じさせると、それはどのような個体が多くの子孫を残すかという生殖の傾向に反映される」[27]と言う。そして、それは環境と他種との関わりという受動的な側面だけではなく、生物が環境を作るという側面も持つ。「生物が自分自身で環境の持つ意味を解釈し、環境に対して応答しているということである。例えば、動物は外部環境に対する反応として、生息地の内のある限られた領域に向かって進むことを行う。また環境に対する応答への劇的な例の一つが、以前取り上げたバッタである。この場合、バッタは気候変動に応答してその行動だけでなく、その体つきまでも変えてしまう。さらに、生物はその住んでいる環境自体を変えてしまうことさえある。例えば植物は、その勢力を増すにつれ、地球全体の物理化学的環境をも変えてしまった。生物は遺伝子と環境の相互作用によって姿を変えていくのはもちろんだが、環境もまたある程度生物によって変えられていく。生物は自分自身を造り上げるのに能動的な役割を果たしている」[28]。

確かに自然選択という完了形で説明すれば整合的な説明は可能かもしれない。しかしそれは進行形で生じている個別具体的な「生成の現場」を捨象することになる。種とニッチの対話の中で、次の世代の傾向が緩やかに定まっていく。そしてニッチそれ自体は、生物が多種や気候や地形との関係の中で作り出していくものである。様々な「ひそひそ話」の連鎖がそこにはある。その結果のことを自然選択という原因で説明するのはあまりにも解像度が低い。まさに作られつつ作り、作りつつ作られる現場がそこにはあるのだ。生命を記述するとは、この「生成の現場」を記述することであり、「結果」を眺めることではない。

註

1　中村雄二郎『共通感覚論』（岩波現代文庫、一九七九年、一一四－一一五頁）によれば「諸感覚は特殊感覚（視覚、聴覚、嗅覚、味覚、平衡感覚）、体性感覚（触覚、圧覚、温覚、冷覚、痛覚、運動感覚）、内臓感覚（臓器感覚、内臓痛覚）という三つに分けられる。そして、第一のグループの特殊感覚とは、脳神経によって信号の伝達されるもの、つまり脳神経連絡の諸感覚であり、次に第二のグループの体性感覚とは、体性脊髄神経によって伝達されるもの、つまり脊髄連絡の諸感覚であり、最後に第三のグループの内臓感覚とは、内臓神経によって伝達されるもの、つまり内臓連絡の諸感覚であった」ということである。

2　デイヴィッド・エイブラム『感応の呪文』（水声社、二〇一七年、結城正美訳、一二七頁）

3　宮川淳『鏡・空間・イマージュ』「鏡について」（水声社、一九八七年、七九頁）

4　宮川淳『鏡・空間・イマージュ』「鏡について」（水声社、一九八七年、七三頁）

5　山本浩貴「制作的空間と言語」エクリ（http://ekrits.jp/2018/12/2914/）

6　中村雄二郎『共通感覚論』（岩波現代文庫、一九七九年、二一二－二一三頁）

7　V・S・ラマチャンドラン／E・M・ハバード「数字に色を見る人たち――共感覚から脳を探る」（https://www.gavo.t.u-tokyo.ac.jp/~mine/japanese/media2017/synesthesia-J.pdf）

8　V・S・ラマチャンドラン／E・M・ハバード「数字に色を見る人たち――共感覚から脳を探る」（https://www.gavo.t.u-tokyo.ac.jp/~mine/japanese/media2017/synesthesia-J.pdf）

9　ここでは山本浩貴「制作的空間と言語」での「制作へ」の要約部分を引いているが、元々は木岡伸夫『〈あいだ〉を開く――レンマの地平』（世界思想社、二〇一四年）での議論を参照したものである。

10　乗立雄輝「記号・生命・習慣」『メディア・生命・文化』（東海大学出版、二〇〇二年、九四頁）

11　エドゥアルド・コーン『森は考える――人間的なるものを超えた人類学』（亜紀書房、二〇一六年、奥野克巳・近藤宏監訳、近藤祉秋・二文字屋脩共訳、二二ページ）

12　エドゥアルド・コーン『森は考える――人間的なるものを超えた人類学』（亜紀書房、二〇一六年、奥野克巳・近藤宏監訳、近藤祉秋・二文字屋脩共訳、六四頁）

13　エドゥアルド・コーン『森は考える――人間的なるものを超えた人類学』（亜紀書房、二〇一六年、奥野克巳・近藤宏監訳、近藤祉秋・二文字屋脩共訳、六四頁）

14　松野孝一郎×菅啓次郎×吉岡洋（司会）「生命記号論と内部観測」『メディア・生命・文化』（東海大学出版、二〇〇二年）での松野の発言を参照しつつ議論を展開していく。

15　中澤新一「四次元の花嫁」『東方的』（講談社学術文庫、一九九一年、一〇二－一〇三頁）

16　松野孝一郎×菅啓次郎×吉岡洋（司会）「生命記号論と内部観測」『メディア・生命・文化』（東海大学出版、二〇〇二年、六九頁）

17　上妻世海「制作へ」『制作へ』（オーバーキャストエクリ編集部、二〇一八年、四八頁）

18　グレゴリー・ベイトソン『精神と自然』（新思索社、佐藤良明訳、二〇〇六年、一三四頁）

19　グレゴリー・ベイトソン『精神と自然』（新思索社、佐藤良明訳、二〇〇六年、一三三頁）

20 グレゴリー・ベイトソン『精神と自然』(新思索社、佐藤良明訳、二〇〇六年、一三四頁)

21 ジェスパー・ホフマイヤー『生命記号論 宇宙の意味と表象』(青土社、松野孝一郎+高原美規訳、一九九九年、一一一-一一二頁)

22 ジェスパー・ホフマイヤー『生命記号論 宇宙の意味と表象』(青土社、松野孝一郎+高原美規訳、一九九九年、四二頁)

23 乘立雄輝「記号・生命・習慣」『メディア・生命・文化』(東海大学出版、二〇〇二年、九九頁)

24 エドゥアルド・コーン『森は考える――人間的なるものを超えた人類学』(亜紀書房、二〇一六年、奥野克巳・近藤宏監訳、近藤祉秋・二文字屋脩共訳、六三頁)

25 松野孝一郎×菅啓次郎×吉岡洋(司会)「生命記号論と内部観測」『メディア・生命・文化』(東海大学出版、二〇〇二年、七二頁)

26 ジェスパー・ホフマイヤー『生命記号論――宇宙の意味と表象』(青土社、松野孝一郎+高原美規訳、一九九九年、四四-四五頁)

27 ジェスパー・ホフマイヤー『生命記号論――宇宙の意味と表象』(青土社、松野孝一郎+高原美規訳、一九九九年、四六頁)

28 ジェスパー・ホフマイヤー『生命記号論――宇宙の意味と表象』(青土社、松野孝一郎+高原美規訳、一九九九年、九八頁)

不明の草原

椎名登尋

車は草原のかなたへと一本道をどこまでも走り続ける。どれくらい走っただろうか。もう四時間にはなるか。

運転手に、「いつ頃目的地には……」と問いかけると、「この国では、旅のゴールを訪ねるのは御法度なんですよ」と軽くたしなめられた。

仕方ない。ひたすら、いつまでも変わりばえのしない車窓の風景を眺め続けるしかない。

モンゴルの首都ウランバートルは非常に道路事情が悪く、街中で毎日昼と夕方に起こるという渋滞にはまり込むと、一〇〇メートル進むのに二時間かかったりする。

そんな渋滞を抜け、ようやく郊外に出ると、あとは果てしない草原と、美しい青空が広がる。我々の日常感覚を超えて本当に広い草原。気持ちよい風をあびながら時速一五〇キロでひたすら何時間もぶっ飛ばすドライブ。

ただ、単調な道行きのなかにもちょっとしたイベントはあって、時々、羊や牛の大きな群れとすれ違う。ときには、道をゆるゆると羊たちが横切るので、しばらく一時停止やノロノロ運転を余儀なくされることもある。家畜たちも慣れたもので、こちらが轢き殺したりしないことは先刻承知なのだ。

途中、車を停めて、大きな群れを率いていた老牧民と写真を撮ってもらった。長年の労働の中で鍛えられた、美しいとしか呼びようのない馬上の姿だった。牧民と別れ、再び一時間も走ったあと、運転手は車を再び停めた。トイレ休憩（この地のトイレは無限に広がる草原。どこでもし放題である）かと思いきや、ずいぶん遅い昼食の時間となった。

運転手ご夫妻が用意してくれた、羊肉を塩茹でした料理。羊の国に来て二日目で初めて口にする肉。じつに美味かった。日本で食べられる羊とはずいぶん印象が違う。もっと軽いし、クセも少ない。これならいくらでも食べられそうだ。ただし、味付けは、塩のみ。実にシンプルであ

る。

このピクニックランチでは、茹でた羊肉の山と、ドイツ製の瓶詰めのキュウリのピクルス、それにドーナツ（これはたぶん韓国製か）が出された。ピクルスを羊肉と合わせて食べると、塩味だけの単調さにスパイスが加わって、実に美味しい。

＊

わたしがこんなことを延々と書いているのは、民族誌には、こういった断片的で感覚的な細部が切り落とされているのではないか、ということを考えたいからだ。

編集者として人類学の論文を結構な数読み、また何十冊もの本を作ってきた。そのときいつもどこか不満に思っていたのは、人類学の論文が、形式がきちっと厳格に決められているあまり、調査地が違うだけでどれも金太郎飴のように感じてしまうことだった。そこからは、断片や細部が綺麗に抜け落ちている。

判で押したような文章の結構が原理的に退屈であるのは、小学生が授業で書かせられる作文を想像すればすぐにわかる。先生の指導のもと、それらは「私は〜です」で書き出され、帰結は「私はこれから〜していこうと思います」で締められる。

あなた方の書くものの形式は、どこかそれを彷彿とさせないか、と問うたら怒られるだろうか。

しかし、教師＝論文の査読官という上位の審級の眼鏡にかない、成績簿に丸をつけてもらいたい＝業績としたい、という意図において、小学生の作文と学術論文の目的は意外なほどに近い。

作文とは学校というある特殊な目的を達成するための閉じられた空間でのみ流通する言説だとすれば（小学生の作文を外の人間が読むことはまずない）、人類学者の書くものは、学会というある特殊な目的を達成するための閉鎖空間の内部でのみ流通する言説だと言えるかもしれない。

もう一つある。自分の専門の調査地を持たなければいけない、というのは本当に本当だろうか。

人類学とは、「当たり前」とされていることを、外部との接触と観察により揺さぶる学問であるとひとまず考えるとき、その学問自体が、ずいぶん窮屈なところに身を置いているのではないか。もっと自由闊達に語れないものだろうか。もちろん、学術論文というのは読み物であるだけでなく、就職への切符、自らのポジションを固めるための通行証という機能もあり、他人から「突っ込まれない」書き方が要請されるのは重々わかる。だが、人類学会でのポジション取りにも大学での正規雇用を目標とするアカデミズム内部での業績競争にも関心のない読み手には、そんな事情はどうでもいい話である。

そういった学内（学問内＝大学内）政治的な目論見と、純粋に「面白いこと」は、当然のことながら往々にして両立しない。そういう幸福な例もないわけではないが、少ないといっていいだろう。

象牙の塔のレースで勝つためには、しっかりした論文としての形式と、引用や参照文献などの基本をおさえるということはもとより、「下手なことを言わない」という態度が求められる。「エビデンスもないのに。なぜそう言える。先行研究で誰が言ってる？」は、学者がいちばん耳にしたくない評言なのかもしれない。

だがここで考えてみたいのは、エビデンスなき飛躍にこそ、知の本領があるのではないか、という可能性である。階段を一段ずつ上っていくだけではたどり着けない場所が、確かにある。危険を冒しながら雨樋伝いにとなりのビルに侵入するような振る舞いが、未知の場所にたどり着くためにはときとして必要なのではないか（サスペンス映画で、行き詰まった捜査に突破口が開かれるのは、しばしばそうした違法行為に刑事が及ぶときである）。

さらに、「面白い」という感覚を強く喚起するのは、しばしば、そうした知の飛躍、まだ論理や形式が追いつかない場所での思考の輝きなのではないだろうか。

そして、論理や形式の追いつかない場所というのは、案外、素朴な感覚や実感のなかにこそ潜んでいるのかもしれない。そう思って旅の雑記を綴っているのである。

＊

ピクニックを終えて車に戻った我々はまたしてもまっすぐな道を進む。どれくらい経ったか、あるところで車は舗装道を逸れ、文字通りの草原の道に入る。

ここからはひたすらスイングタイムである。ガタガタ道を、ガタガタと揺さぶられながら、いつ着くかも知れないままひたすら進む。頭が車の天井にぶつかりそうなほど上下に揺れ、となりの同乗者のほうに身を投げ出されそうになるほど左右に揺れる（車に酔いやすい自分が、道中まったく酔わなかったのは不思議だ）。

窓を開ければ清々しい風が頬を撫でる。日差しは汗ばむほどだから、風はなによりのご馳走だ。そして、胸に吸い込む空気はとても新鮮である。「我々は綺麗な空気を大切に思っています」とモンゴル人の歴史家はいう。

なんの目印もない道と思われるのに、時々車は道を右に折れ、左に折れする。べつだん風景が変化したようにも見えない。一体なにを目印にハンドルを切っているのだろう。比喩ではなく、茫漠たる草原の海で舵を切る所作である。

素朴な疑問をつぶやくと、同乗の人類学者はいった。

「わたしも、調査地の狩猟民と狩りにでかけると、彼らが密林のなかでどうやって道なき道を選んで進んでいくのか、まずはそこが気になるんです。わたしには道なきヤブにしかみえないところに、彼らは道を見つけてものすごいスピードで移動する。そうやって、獲物に接近していくわけです。彼らと何年も付き合っていますが、どうやって道を見つけるのか、いまだにわからないんです」


学術論文で、「わからない」と書くことにどれだけ勇気がいることなのかはわからない。しかし、おそらく論文では、「わからない」ということばはノイズとして、あるいはアネクドーツとして、切り捨てられ、極力排除されるのではないだろうか。クリアカットに語れるもののみを論文には定着させる、という暗黙の作法が働いているように思われる。不明の闇から明らかにし得たことを書くのが論文であるとするならば、この態度は正しい。

　しかし、読み手は「明らかになったこと」だけを読みたいのだろうか。むしろ、「わからない」ことの闇を進む過程をこそ読みたいのではないか（これはハンティングにおいて、獲物を追跡することと獲れた肉を食べることの二つになぞらえることができるかもしれない。追跡は、あくまで獲物を食べることの手段なのか、あるいは手段自体がスリリングな過程、ある種の楽しみを含むものなのか。ハンターに訊いてみたいことである）。

　翻って、書くことの二つの態度がありうるのかもしれない。明らかになったことを書くのか、不明から明へと至る道行そのものを書くのかである。

　明らかなことを書くという態度には、いうまでもなく常にレトロスペクティブな視線が含まれる。たとえ、結論までのプロセスを書こうとしても、そこには、明らかになったことから逆算して、それが明らかになるまでの最短距離が描き出される。どれだけ、現時点でわかっていること（「本論考の結論は〜である」）と、不明なこと（「〜の考察については他日を期したい」）を同時に書き込もうとしても、それはいかんともしがたいほどに過去である。現在であることをどれだけ偽装しようとも、それは、「仮構された現在」に過ぎない。

　ならば、書くことにおいて現在を定着させることは不可能なのか。

> 人類学者がフィールドで暮らしてあれこれ考えてみることは、世界から価値観がなくなってしまう「大いなる正午」に出くわす経験に近いのだ。
> （中略）プナンと暮らして考えたもろもろのことは、ニーチェ的に言えば、何ひとつこうであるということ

ができない、あらゆる価値観が消失した世界の発見へとつながっている。だがそれでもやはり、いやだからこそ、それらには、ストレスをためこんで将来に対する言いようのない不安を抱えながらも、自らのうちに閉じ籠もってしまう社会状況を生きていると薄々感じている私たちに届いて、より自由になって考え、力強く、愉しく生きてみるための手がかりが埋もれているのだと感じられてならないのである。

（奥野克巳『ありがとうもごめんなさいもいらない森の民と暮らして人類学者が考えたこと』亜紀書房、二〇一八年、三二八―三二九頁）

わたしはこの一文が何を言っているのか、クリアカットに理解することができない。いや、字義的な意味はもちろんよくわかる。だが、結論されていることが、具体的にどういう事態を想定して言われているのかが、わからないのだ。わたしは疑っている、というよりもほぼ確信しているのだが、ここでは書き手自身が、自分が何をこれから言おうとしているのか、よくわからないままに書きつけている。わたしが「わからない」のはそのためにほかならない。ここで書き手は言葉を用いているのではなく、言葉に用いられている、といってもいい。

しかし、適当なことを言っているのではないことははっきりわかる。この一文を読む者には、「動いているもの」の、蠢動とか振動とか呼ぶほかないざわめきと、ある切実さが確かに感得されるだろう。それは、ドゥルーズが思考の暴力と呼ぶもの、外からハンマーでなぐられるように思考に襲いかかられてしまった者だけが見せる、否応なしの切実な身振りである。よくわからない事態に向けてとにかく思考「せざるを得なく」なる瞬間。ここが、もっとも生々しい思考の現在の突端である。なまの現在を文章に定着させることは、かくして不可能ではないのだ。

わからないことを、わからないままに書く。居直りや諦めとも取られかねないこの身振りこそが、書くという営為に思考の現在、思考の岬を導入するやり方であり（ただし、唯一の、であるかどうかはわからない）、また確固たる知識が含まざるを得ない過去性に対する戦略的な不遜さである（ちなみにこの本には、ここ以外にもいたるところに、わからないことを前にして戸惑い、逡巡する身振りそのものが定着されている）。

いまここ、という形式に縛られた、身体という座標軸ともなる一方で時として牢獄であるものに宿る、文字通り「具＝体」的なものとしての思考は、当然誤る可能性も、惑う可能性も、ある。だが、それでいいのだ、とニーチェなら哄笑してみせるだろう。

＊

ようやく目的地と思われる小高い丘に着いたのは夜の七時近く。といってもまだ明るい。夕方、という感じだ。しかし同行したシャーマンが儀礼を行うために薪が必要となり、買い出しに出て戻ってくる小一時間のうちに、日はとっぷりと暮れた。

とたんに、汗ばむほどだったそれまでとはうって変わって寒くなる。実に寒い。どうりで、シャーマンの亭主（シャーマンは女性の方が多いという）兼助手の男性が、ダウンを着ていたわけだ。暑いのになぜ、と思うこちらが浅はかだった。容赦なく冷気で体温が奪われていく。焚き火が大変助かる。

シャーマンの儀礼は、一時間ほど続いた。太鼓の音でトランス状態を作り出し、千年昔の先祖の霊を呼び出して自らに憑依させる。

シャーマン夫婦はこの六日間の旅にずっと同行し、古戦場、古都、日本人抑留者の記念碑のある丘などで儀礼を行い、死者を呼び出し、そして我々はそれを観察し記録するというプロジェクトだった。

シャーマンによっては、自身の祖霊以外にも、歴史上の偉人たとえばチンギス・ハーンの霊や動物の霊まで憑依させることがあるという。そして、高位のシャーマンになればなるほど、そうした「強い霊」を憑依させることができるようになる。

五回行われた儀礼で、このシャーマンは、自宅での一回を除き同じ老人の霊、自らの遠い血縁にあたる老人だけを召喚した。そのことに対して、歴史家は不満を述べた。「自分の親族を呼ぶのなんて難しくないんだ」彼は終始一貫して、このシャーマンの能力に対して疑念を隠さなかった。

彼は「シャーマンという現象を歴史的に検証する」という学者としての立ち位置でプロジェクトに参加していた。にもかかわらず「シャーマンという現象」それ自体は疑わず、それは「当たり前にあること」として自明のものとみなしていることが面白い。彼（ら）は、霊が存在し、シャーマンが霊と生き生きと交流する世界を生きているのだ。

近年、人類学で「taking X seriously（Xを真剣に受け取る）」という方法論的態度が主張されている。ある事象を安全な位置から参与観察する人類学者の特権性を突き崩し、「より内在的な観察」を目指すという態度だろう。

だがふつう、ひとが「あなたの言い分を真剣に受け止めますよ」と言うとき、そう主張する当人の態度は決して崩

されることなく保護されてはいないだろうか。逆に、本当に真剣に相手の言い分を受け止めるとき、「相手の言い分を受け止めます」とひとはいわないものである。

もしこの方法論を真摯に突き詰めようとするならば、「living X literally」、すなわち「文字通り生きてみる」という態度が要請されるのではないか。

わたしが歴史家の態度を愉快だと感じたのは、彼がシャーマニズを真剣に受け止めることを超えて、それを文字通り生きていると感じたからである。

もう一段、考えを進めてみたい。真剣に生きるとき、人類学者は現地の世界観に完全に同化してしまうのか。それには大きな危険がつきまとう。

他者の世界へと入っていくという人類学的主題を扱う多くの小説が、「戻れなくなった男」を描いていて、それは枚挙にいとまがない。たとえばバルガス＝リョサ『密林の語り部』は、こうした帰れ（ら）なくなった人間の物語の典型である。人類学でも、たとえばウィラースレフ『ソウル・ハンターズ』（奥野・近藤・古川訳、亜紀書房、二〇一八年）では、狩りに出かけたものの人間的世界に帰還できず森を彷徨う「もじゃもじゃ人間」という狂気の存在が描かれる（二七八頁）。ウィラースレフの報告するユカギールでは、狩猟の際に、言語の使用を禁じ、人間の匂いを落として、存在のレベルで獲物＝動物に「なって」いく。しかし「なりきって」しまってはいけないのである。人類学者にとってのその危険とは、「記述できない」ということである。完全に同化してしまったものについて、ひとは分析することはできない。

では人類学者はどうすればいいのか。ここで狩猟の対象に身体的物理的かつ精神的に限りなく接近しながら、同化する直前、すんでのところで身を引き剥がし、獲物を仕留める誘惑者＝ハンターの振る舞いが参考になるだろう。

ウィラースレフによれば、ユカギールのハンターたちは獲物のエルクと遭遇したときに、エルクを魅了するような身体的な動き、ダンスをする。獲物に近づき、相手を誘い込むダンスを踊り誘惑する。まさに恋愛の振る舞いそのものである。しかし、色事において誘惑者がそうであるように、意識はどこかで冷めていなければならない。存在のレベルで相手と同一化する直前まで進みながら、ゼロ地点の一歩前で踏みとどまり、そこで致命的な一撃を相手に加える。ギリギリで踏みとどまることができなかった場合には、狂気や死が待ち構えている。相手の逆襲を受けることもあるだろうし、「モジャモジャ人間」になって人間の領域に帰還できなくなることもある。

ちなみにユカギールたちの狩りでは、黙々と行う狩猟行から帰還したときに、キャンプファイアを囲み、「ひたすらしゃべる」ことによって、人間界に復帰する契機が設けられているという。しかも興味深いことに、しゃべっている内容自体はほとんど重視されない。他人のしゃべることをろくに聴いていないことも多いという。すなわちここでは、言葉を「しゃべる」こと自体が重要である。日常的な言語使用が「人間を作っている」ことを、ユカギールは深く心得ているのだろう。

話を戻したい。

誘惑には常に、危うさがつきまとう。では、距離が完全に失われ、自己も他者も消失してしまうロマンチックな愛の罠を回避しつつ、調査対象と同一化する寸前にとどまり続けて、相手を観察し記述することは可能なのか。それはどんな記述なのか。それは taking seriously の形をとるのか、それを一歩踏み越えて、living seriously なのか。

それが、これから人類学が考えなくてはならない主題なのではないだろうか。

*

連日の調査で、だいぶ疲れがたまってきた。ガタガタ道ののべ数十時間のドライブで、身体のあちこちが痛い。朝昼晩と出る塩味の羊肉をおいしいと思ったのは三度めまでだった（香辛料は牧畜段階には基本的に存在しないのだ、ということを初めて実感した）。もう羊肉のにおいをかぐだけでもげんなりする。そろそろ潮時だ。

いったい、ちっとも快適でなく時に危険すら含むこんな旅に、人類学者は、安くないお金をはたいて、なぜいそいそと出かけるのか。快適で楽しい旅行、清潔なホテル、とびきり美味しいご馳走は、ほかにいくらでもあるではないか。なのに、なぜだろう。

「アリの足音が聞こえるんですよ」

人類学者はそう言った。

「寝袋をかぶって、森の中で眠っていると、アリたちが寄ってきて、寝袋の上を歩いていくんです。そのときに、アリの足跡が、寝袋越しに盛大に聞こえるんです」

民族誌には、まず書かれることのないであろうフィールドでの経験の小さな断片。無意味として片付けられる、たんなるアネクドート。しかし、ありありとその音を聞き取れそうなほど、生々しいエピソードではないだろうか。

かさこそ、ぽつぽつ、というそれまで一度も耳にしたことのない音を聴く体験が、人類学者に、どれだけの驚きと興奮をもたらすことだろう。

森に寝転んで暮らしていた人類、今も暮らしている人々が、確かに日常的に聞いているであろう音。清潔で快適な現代社会に生きる我々がまず経験することのないこの音は、我々が考える「人間の世界」を超えて世界が広がっていることを、まざまざと感じさせてくれる、他者の足音なのかもしれない。

　そんな音を聞くために、そして、羊の味に心底うんざりするために、きっと人類学者は体に鞭打って、きつくて辛く、そしてかけがえのない旅に出るのだろう。

特集1

喰うこと、喰われること

複数種世界で食べること――私たちは一度も単独種ではなかった

石倉敏明

一　「他者」を食べる

現代の生物学が教えてくれる興味深い知見の一つに、人体がトンネルや袋の構造を複雑に組み合わせた、みごとな複合体を成しているという認識がある。人間の身体をつぶさに調べていくと、皮膚という薄い表面（上皮シート）を通じて、私たちの内的なシステムが常に外界と接していることがわかる[1]。ところが、この身体表面には、眼や鼻や口や耳といった「穴」が空いている。この穴が仕切りとなって、身体表面は神経系や内臓の深みへと導かれてゆくのである。

胃カメラ（内視鏡）の検査を受けたことがある人は、自分の身体の内部に医療機器のレンズが深く入り込んで来る際に、目眩のような感覚を覚えた経験があるかもしれない。日常生活のレベルでは、私たちはふつう自分の身体の内部と外部を分けて認識している。ところが、たとえば口や喉のような器官を入り口として、食道から内臓へと深く身体に入り込むほど、その感覚は攪乱される。内臓の奥に映る光景は、どこまでも身体の「外」と地続きだからである。カメラはどんなに奥深い身体内部に入り込んだとしても、消化器官を通じて内外の仕切りを超えることはない。内視鏡のカメラは、内臓という私たちの身体の奥深くに広がる「外」の景観を見せてくれるのだ。

私たちの身体のもっとも奥深い内奥部には、もっとも計り知れない「外」の自然が宿っている。腸内に共生する約百兆もの微生物（共生細菌）の群れの種類や構成は、人それぞれの生活様式や食生活の歴史を映し出し、日々の健康状態だけでなく、その人の感情や精神状態にも大きな影響を与える。こうして人と共生する共生細菌の群れは、人生の初期においては母の胎盤から受け継がれ、その後は食事によって人間の体内に入り込んだものであり、口腔から内臓へと至る通路をとおって体内にもたらされるという。

このことはとりわけ、身体における口という器官の特異な位置を示唆している。口という多義的な出入り口を通して、私たちは世界そのものと繋がっている。私たちはまた、口腔を身体の発信基地として、言葉を発し、声を上げ、歌い、叫ぶことができる。口唇は母体から生まれてきた赤ん坊が最初に世界に触れる器官であり、恋人たちが儚い合一を夢見る接触する粘膜であり、互いの内奥へと深く続く動物性ゆえに、それは性的な快楽や忘我の味覚を伴う、愛撫の器官にもなる。

食と性の奥深いつながりは、口腔という上皮シート上の巨大な裂け目を通して、複数のチューブ状の身体が絡み合うように織りなす生命の交渉によって必然的にもたらされる。食はもちろん、動物たちが個体の生命を維持するために行う、最も基本的な行為の一つだ。そして性は、少なくとも動物社会学的な次元においては、個体同士が、生殖器というもう一つのトンネルないし袋状の器官を使って行う、根源的なコミュニケーションの行為でもある。性は、快楽に結びついて生命を消費するだけでなく、一代の限定された時間の中にある生命を、遺伝子の継承によってより長い時間の尺度へと開いていく。食は異種の破壊と出会いの場であり、性は種の再生産の場である。どちらも暴力や快楽と結びついている。食と性の関係は、決して比喩的な次元で暗示される類似性や同形性ではなく、互いに相補的な形で、現実の種の保存と個体の生命の維持に貢献している。それは、構造的な次元で対比される複数種の根本的な条件なのだ。

口腔から内臓へと続く空間は、動物的な内奥の次元に私たちを引き戻す。私たちが食べている動物の肉は、もともとはその身体の一部であり、その動物もまた、誰かに食べられる前は「食べるもの＝捕食者」であった。そしてこの動物は、たとえ私たちが忘れていたとしても、実は何世代にもわたって紡がれてきた生殖の連鎖の果てに生まれた、一個の生命体である。動物を食べるということは、結局のところは先行する世代から生まれてきた生き物を、食べ物に変えて食べる、ということを意味している。つまり、哲学者のレオン・カスが述べているように、それは食べやすいように変形させられた「他者」の姿なのである。

何かを食べることは、食べたものを物理的・化学的に変容させることを意味する。食べることは複雑な他者を占有し、合体し、変形させ、均質化して単体化し、吸収することにほかならない。(中略) 他者性は均質化された要素の吸収作用につづく生合成によって究極的に克服される。見る際には、見るものの視覚には見える対象によって情報が与えられるが、食べる際には、食べられる対象は捕食者によって変容させられ、捕食者の体内に取り込まれる。[2]

カスが述べているように、食という行為は基本的に変容や再編成に関わる。そして、いわば「肉」の次元において、食行為は、私たちが意識的に行うことのできない、物理的・化学的な生成の過程に結び付いている。たしかに私たちは、他者の身体を毀損し、解体し、調理する。そうすることで、生物の歴史の中で、誰かから「生まれたもの」の肉を消費可能な形態に変えようとするのだ。この論理は、食という行為の背後に隠された、必然的な暴力や残酷性を浮かび上がらせる。それは、チューブ状や袋状の「上皮シート」を持つ他者の身体を破壊し、変形したり傷つけたりもしながら可食的な「肉」に変え、滋味や栄養、あるいは味覚愛好のために料理という別の構築物に変容させたものに他ならない。要するに、肉とは断片化され、資源化された身体であり、私たちが食べるために加工された生物の一部分なのである。

食はこのように、様々な技術によって生物を食材に変え、さらにこれを調理して、体内に消化吸収する過程の全体と関連する。「食べる」という行為において、口腔は食べ物を含み、唾液を分泌し、歯で噛み砕き、舌で味わい、嚥下する場所となる。それは「外」から「内」へと食物を運び、組織を分解し、みずからの身体に吸収しようとする内臓運動の突端であり、人体そのものへの入り口である。要するにそれは、人間が意識する知覚の世界と、無意識化された内臓的な身体運動とを結ぶ「バイオソーシャル（生社会的）」な活動なのだ。

二　可食性の問い

私たちは日々、何かを食べて生きている。このことは、人類学が教えるさまざまな知見のなかでもとりわけ力強く、人類の普遍性を物語っているように思われる。世界中どこに暮らし、どのような集団に属していても、たしかに人は必ず何かしらの食材を加工して「食べ物」を生み出しているし、独自の作法に従ってそれらを食べているからだ。「食べる」という営みは、自然と文化の境界を超えて私たちの身体をつくり、社会性の輪郭を描き出してきた、と言えるかもしれない[3]。

この場合の社会性とは、精神と身体という二元論を越えた次元に存在している。たとえば「我考える、故に我あり」というルネ・デカルトによる有名な自己の存在証明は、「その考える《我》の身体は何からできているのか」という、先行する問いを隠している。デカルトの「考える主体（コギト）」は、おそらく考えることに先立って、何かを食べてきたはずだ。私たちは皆、自分自身が過去に食べた食べ物によって生かされ、それによって思考したり活動したりすることができる。

栄養学的に考えれば、私たちの身体は、日々の生活で摂取される食べ物によって創られ、維持されてゆく。私たちの日々の活動も、食べ物によって得られるエネルギーを前提としている。この観点からすれば、食の営みは、思考（精神）を支える生物的な基盤としての身体を、「考える主体」に先立って準備している、とも考えられるだろう。

ところで、先ほど見たように、レオン・カスは食事を「他者」を均質な物質に変えて吸収する身体的な活動と考えていた。しかし「食べる行為」を出来事として観察してみると、もともと食材が持っていた他者性が、彼が考えていたほど簡単に解消されるものではないことがわかる。たとえば食事の効果として、気分が落ち着いたり、高揚したり、胃腸がもたれるような効果も現れるし、嘔吐や下痢や酩酊をもたらすこともある。場合によっては、死に至る病をもたらすこともあるし、逆に病気を癒し、健康を保つのに役立つ食べ物（薬）もある。いずれにしても、食べることを通じて、食べ物は外の世界から私たちの身体の内側に入り込み、主体の忘却や無関心をものともせずに分子レベルで解体・吸収され、何らかの作用を及ぼすのだ。だからこそ、いつ何を食材として選び、どうやって調理し食べればよいのかという、地域食における「可食性」のコードが、地球上のどの文化においても構築されてきた。

食文化とは、こうしたコードに従って、自然という「外」の領域から社会というコントロールされた空間の「内」へと、私たち自身の血となり肉となりエネルギーとなる資源を得る生産技術の体系である。かつて、私たちの先祖は、「生物」を「食物」に変えるために、狩猟や解体や調理の技術を育み、祈りや儀礼や祭りや食卓作法を生み出してきた。これらは社会的身体の「外」にあるものを「内」に変換する技術である。たとえば、「郷土食 local food」の文化を知ることは、海・川・湖・森・林・草原・田畑・牧場といった人間にとって身近な自然環境についての知識をもとに、どの時期にどんな生物を収穫し、または栽培・飼養し、これを屠殺・解体し、調理・保存するかという地域的な知恵を身につけることを意味していた。

可食性のコードは、その地域に住む人びとが食べることのできる生物種を規定し、反対に何を食べてはいけないかという、社会的な禁忌を作り出す基準となる。たとえば、牛、豚、馬、犬、猫、鼠、蛇、蛸、鯨、猿といった動物は、それぞれある社会においては可食的な肉として認識されるが、別の社会では肉食禁忌の対象となる。昆虫食のように、それに対する情動的な反応はより強くなる場合もある。私たちの食べる食品は、このような可食性の網目の中で選定され、加工されてはじめて食べられるようになったはずである。その過程には、複数の「考える《我》」が関与することになるが、重要なことは可食性を判断する基準は、無意識的な慣習や禁忌によっても規定される、という点にある。

誰もが、日常的に食べ物を口にし、消化し、排泄している。しかし、だからといって、「食べる」という行為の全貌が、いつも私たちの意識にのぼっているというわけではない。私たちは食事中にも空腹や喉の渇き、味や香りや色彩といったさまざまな感覚的な刺激を受け取っている。もっと繊細な次元では、料理された食べ物の味や質感やぬくもりを感じ、食事中の会話や空間の雰囲気、食器の触感やデザインを楽しみながら、口や舌や鼻や耳を総動員してそれらを味わっているはずだ。食べることの根幹には、そうした身体の感覚的要件が存在する。

食べ物は、単なる物質ではなく、情報でもある。だからこそ、社会的な出来事としての食事が成立する。食事するとき、私たちは身体の奥から湧き上がってくる飢えを満たすだけでなく、さまざまな情報を取捨選択しながら食べ物を噛み砕き、舌で味わい、口腔の奥で嚥下している。それは生物としての必要性に根差した生々しい行為であるからこそ、文化的な作法や規則にも関係付けられている。食事という体験の根幹には、食べ物をとおして時間と空間を結びつけ、他者と体験を共有しながら、食べ物をより良く味わおうとする積極的な心の働きも認められる。

しかし、「喉もと過ぎれば熱さを忘れる」というように、食べ物は口のなかで解体された後、すぐに消化過程という無意識の運動に委ねられてしまう。食べ物はこの消化過程を通じて異物性を失い、内臓器官と排泄器官を貫く長いトンネルのなかで消化吸収され、残りは体内の微生物の死骸とともに排泄される。その過程で、とりわけヒトの腸に住み着く膨大な細菌類は、自らも身体の外部から侵入した異物を消化する働きを助けている。土壌生態学者のデイビッド・モントゴメリーとアン・ビクレーが述べている通り、このような共生圏の構造は、植物の根茎が地下で形成する構造にそっくりである。根と腸は、異種のコンタクト・ゾーンであり、そこで微生物は、宿主の生存に欠かすことのできない二つの要件に関わる。それは、エネルギーの摂取と、敵から身を守ることである[4]。この二つの器官を観察すると、他種との共存による協働のパターンが、集合体レベルでの生命活動の維持に関わっていることがわかる。

植物の根茎と動物の腸は、構造的には互いにチューブを裏返したような反転関係にあるのだが、いずれも生物の個体維持には欠かすことのできない細菌との共生圏を形成しているのだ。人間にとっても「食べる」という活動は、このような共生圏に棲む無数の他者の力を借りて、異物を吸収し、危険物を排出しようとする、内臓の中で起こる底なしの生命の運動に通じている。それは知覚の快楽と欠乏感がせめぎあい、欲望と満足、生と死が波のように押しては引く人間性の境界でもある。それは私たち人間という存在の生命活動の根拠であり、心と身体の、もっとも深い次元へと続いている。それゆえ、私たちはデカルトの論理をさらに突き詰めて「我食べる、故に我あり」と表明し直さなければならないし、「考える《我》」に先立つ「食べる《我々》＝複数の主体」の思考と無思考の間へと、食をめぐる複数種の問いを進めなければならないのだ。

食べ物は、私たちの存在に先立って思考を可能にし、生命活動を稼働させる。それにもかかわらず、食べ物はあまりにも謎めいていて、捉えがたい。ひとたび食べ物について考えようとすれば、それはかつて生きていたときの動物の足取りで軽やかに《我》の思考から逃れ去り、植物の慎ましさをもって沈黙の領域に逃れてしまう。だが、共生細菌の例が示すように、「食べること」を通して、食べ物は物質の次元と心的な次元を貫通し、情動や健康状態を左右する。食事は単なるエネルギーの摂取ではなく、私たちの欲望の充足であり、その露出であり、食卓を共にする人々との体験の共有であり、生活の歓びの表現でもある。食べることがなければ、私たちはかくも多様な仕方で生存し、複数種の共生体である身体を持って、生命を謳歌することはできただろうか？

三 「孤独な捕食者」を超えて

「食べる」ということは、他の生き物の身体をエネルギーに変えて利用し、それによって食べた者自身が生き延びることを意味している。「考える主体」にとって、その思考に先立つ存在を敢えて「他者」と規定するならば、私たちはまさに、他者の〈からだ＝身体〉を「食べて」生きていることになる。他者の身体は、私たち自身の血となり肉となり、息となり思考となって、「食べる主体」を形成する。しかし同時に、その主体はすでに単数ではなく、体内に膨大な他者（微生物）の寄宿者を抱え、それとともに食べ、食べられてもいる。

そしてこの過程で生じた残滓もまた、少なくとも理論的には、自然界に返還されることで、他の生物にとっての生きる糧となる。ヒトは、究極的には他の動物と同じく死骸となり、地球上の物質循環過程に帰っていく生き物である。「食べること」や「食べられるようにすること」の生物学的な条件にまで遡れば、私たちは自然に、動物と人間に共通する身体の構造や条件に考えを及ばさざるを得ない。「食べるもの」であり、同時に「食べられるもの」でもあるという相互的な条件は、人間だけでなく他の動物にも共通しているからだ。動物は走り、這い回り、泳ぎ、飛翔して、自分を食べてしまおうとする外敵から逃れ、また今度は反対に、自分以外の生物（餌）を捜して、どうにかこれを捕食しようとする。

先に述べたように、食という営みを深く捉え返そうとするとき、一人の「思考する主体」に先行する「食べる主体」の次元に光を当てることが求められる。だが、そこで浮上する「食べること」の背面には、当然その行為の反転像である事態が予測されることになる。それこそが「我食べられる」という次元であり、ヒトの身体は、さまざまな動物たちによって、じっさいに食べられてきた。特に現生人類以前のヒトの条件を探る自然人類学者たちは、他の動物がヒトを餌にする事態が常態として繰り返されてきたことを、明らかにしている[5]。それは自然史的な現実であり、食物連鎖の中にいる動物としては、例外なき事態であったのだ。

食べ物としてのヒト。それは決して奇をてらった認識ではなく、私たちの祖先が生態系の中に張り巡らされた相互的な編み目にしっかりと根を下ろして生きていたことを表わしている。生態系の中では、あらゆる動物が天敵に狙われ、何らかの捕食者によって食べられ、死後には解体される。ヒトの歴史の総体を振り返って見る時、私たちは自分の祖先がただ「食べる主体」の座に安住してきたわけではなく、他種によって食べられ、また場合によっては同種人間たちによっても食べられてきたという醒めた現実に、改めて直面させられるのだ。

いったい食べるとは、そして食べられるとは、どういうことなのだろうか。さらに、なぜ私たちは平然とある種の生物を殺し、その肉や体組織を「ふつうに食べ続けること」ができるのか。もちろんそれは、人間と動物の根幹をつくるエネルギー摂取の活動である。しかしヒトは、いまや他の捕食者を徹底的に遠ざけ、動物園に囲い込むことによって「食べるもの」と「食べられるもの」の相互的な網の目から逸脱し、自らを「食べられるもの」と考える習慣を捨ててしまった。保全生態学者のウィリアム・ソウルゼンバーグが主張するように、私たちは他の大型肉食動物を世界の片隅に追いやることで、他に自らを脅かす捕食動物をほとんど知らない世界を実現している[6]。しかし、まさにそのことによって、人間は生態系の条件に即した食物連鎖からはみ出した「孤独な捕食者」となり、生物界から半ば孤立してしまったのである。

ごく稀に、クマのような捕食者にヒトが襲われ、食べられたという出来事が起こったとき、現代人はまるで、あってはならないことが現実に起こってしまったように動揺する。少なくとも、日本社会ではそれが衝撃的なニュースとして扱われるが、そうした動揺はこの種のニュースが単に動物が人間を殺すという非日常的な事件であるからというより、人間を食べる動物のふるまいに、例外的な最高捕食者である人間の地位を脅かすような不穏さが含まれるからだろう。だが、少なくとも進化論的な時間の中では、ヒトはあくまでも一個の霊長類であり、可食的な動物であるという特性を失っていない。私たちは、このように自分自身が有機体の循環の一部であり、現実に可食的存在として生きているという認識を取り戻すことから、動物と人間の関係をめぐる他者性の問いを、現代に再構築してみなければならないだろう。

キノコ狩りや山菜採り、あるいは野外調査のために山に入る時、特に秋田ではクマのような捕食者の存在を意識せざるを得ない。ましてや、狩猟のためとなると、その臨在感は比べものにならない。ある冬の朝に、阿仁地方のマタギたちのクマ猟に同行して黙々と冬の雪山を歩きながら、私は以上のような「食べること」の問いを、改めて噛み締めていた。猟場となっている山は、完全には管理されていない半野生の空間である。そこで頭数を増やしたクマたちは、時折里の近くに姿を見せることがある。そのため、現代のマタギたちは地方自治体の依頼を受けた猟友会の仕事として、クマを罠猟で捕獲している。その肉のごく一部は地域の食肉市場に出回るが、死骸の処理は猟友会に委ねられる。だが、彼らは行政府によって最初から害獣とみなされたのと同じツキノワグマを、彼らの本業となるマタギの「ショウブ（狩猟）」においては山の神の化身として尊重しつつ、鉄砲で仕留めようとする。彼らはクマを得ることを、敬意を込めて「授かる」と表現し、その毛皮と肉を注意深く切り分けて魂を山に還す「ケボカイ」と呼ばれる儀式を行う。さらにその肉は「マタギ勘定」により、猟の参加者全員に平等に配分される。

慣れないカンジキを履き、たどたどしく雪山を進んでいる私を尻目に、マタギたちは颯爽と雪上を歩き、クマが冬眠しているらしい中空の大木を見つけて、鉄砲を構えた。その瞬間、私は先ほどまで感じていた、自らがこの森に棲むクマに食べられてしまうかもしれないという漠然とした恐怖とは全く異なる、鉄砲という武器への恐怖を感じた。私たちの身の安全は、進化の過程で得られたクマの鉤爪や牙ではなく、このような鉄製の武器に依存している。そしてこの銃は動物にも、人間にもその膨大な攻撃力を発揮することができる。マタギたちにとって「ショウブ」することは、クマの恐ろしさだけでなく、鉄砲の恐ろしさについて充分に注意を払うことを意味する。

あるマタギは、クマは自分の生活の一部であるから、仮にショウブに負け、クマに食べられてしまうようなことがあったとしても、悔いることはない、と語ってくれた。私たちが「食べられる存在」であり、目の前の動物もまたそうであるなら、両者の関係は「食べられるもの同士」（可食的存在）であり、相互に「食べるもの同士」（競合する捕食者）でもあることになる。この関係は、人間と動物が互いに結婚し、語り合っていたという虚環境における伝説や神話の条件と反転した対称性を示しているのかもしれない。マタギは敬意を払いつつクマを解体し、その肝を薬とし、肉や毛皮を生活の糧として利用してきた。彼らが教えてくれたように、食の環境において、私たちは一度も単独種であったことはなかったのである。

註

1 本田久夫『形の生物学』（NHK出版、二〇一〇年）
2 レオン・R・カス『飢えたる魂　食の哲学』（工藤政司・小沢喬訳、法政大学出版局、二〇〇二年、一二六頁）
3 奥野克巳・石倉敏明編『Lexicon 現代人類学』（以文社、二〇一八年）
4 デイビッド・モントゴメリー、アン・ビクレー『土と内臓　微生物がつくる世界』（片岡夏実訳、筑地書館、二〇一六年）
5 ドナ・ハート、ロバート・サスマン『ヒトは食べられて進化した』（伊藤伸子訳、化学同人、二〇〇七年）
6 ウィリアム・ソウルゼンバーグ『捕食者なき世界』（野中香方子訳、文藝春秋、二〇一〇年）

喰らって喰らわれて消化不良のままの「わたしたち」

——ダナ・ハラウェイと共生の思想

逆巻しとね

1.1 一者では少なすぎるし、二者では多すぎる

ＰＣや人工内耳、ロボット導入による能力格差解消という未来。人工知能開発によるシンギュラリティ到来という未来。気候変動を技術によって統御する地球工学実装の未来。それらの隣には働き方改革という名の労働力の搾取と景気高揚政策の羊頭狗肉がちらつく。内閣府肝いりのSociety 5.0が喧伝する未来は、すでにヒトの手を離れている[1]。

生物学・生態学を足場としつつ、共生の思想を変奏してきたダナ・ハラウェイならば、現在を未来予測の道具へと貶《おとし》め、ヒトを今ここから遠ざける昨今の未来志向（futurism）をことごとく指弾するだろう。ハラウェイに倣って、今ここを真摯に捉えるのであれば、5.0への階梯を打ち捨て、高度情報化社会を1.0と2.0のあいだで思考するサイボーグにまで立ち返るべきだろうか。

自己は支配されざる大文字の一者であり、他者にかしずかれることによってそのことを知る。そのとき他者は未来を握っている小文字の一者であり、自己の自律性の欺瞞を自ずと暴く、支配を経験することによってそのことを知る。大文字の一者であるということは、自律し、権力を振るう神として存在するということである。だが、大文字の一者として存在するということ自体ひとつの錯覚なのだから、それは小文字の他者との黙示録的な弁証法に参加するということでもある。とはいえ、小文字の他者であるということは、複数者として、はっきりした境界もないままに、擦り切れ、実体を欠いたまま存在するということである。一者では少なすぎるし、二者では多すぎる。［ＳＣＷ 一七七頁］[2]

「サイボーグ宣言――二〇世紀後半の科学、技術、社会主義フェミニズム」に現れるこの一節に、ハラウェイの思考実践は凝縮されている。家父長制＝自己とそれに抑圧される女＝他者、という抽象的な構図を踏まえたこの一節が批判するのは、自己／他者という西洋哲学由来の二分法それ自体である。しかしハラウェイは、支配者としての自己と被支配者としての他者という区分において行われる政治を、ジャック・デリダのように脱構築することはしない。それを主人と奴隷の弁証法に読み替え、転覆の契機を探ることもしない。最後の一文「一者では少なすぎるし、二者では多すぎる」は、一と二を明確に区切る自己／他者二元論の袋小路を食い破る「わたしたち」の咆哮である。

本稿は、単数でもなく複数でもない、むしろ数えることのできない怪物的な実存の形象[3]を「わたしたち」のために練りあげる、ハラウェイの共生思想を紐解きつつ実践する試論である。まずは、犬とヒトとのかかわりから共生について思考する伴侶種が前菜となるだろう。次に最新のモノグラフ *Staying with the Trouble: Making Kin in the Chthulucene*（二〇一六年）に登場する新たな共生系に酩酊しよう。そして、互いに喰らい喰らわれる契りを交わすに至ればもう餓えることはないだろう。わたしたちは日常的にハラウェイの呼びかけを食《は》んでいる。過去と未だ来らぬものが共存する「現在進行形の分厚い現在」［SWT 二頁］のただなかで、食卓を囲んでいるわたしたち、そしてこのわたしはいったい何者なのか。

1.2 伴侶と共に生成すること

前世紀に機械－ヒト共生系から機械－動物共生系までを論じたハラウェイは、新たな千年紀のとば口で、動物－人間共生系へと焦点を移す。それが伴侶種だ。「同等の依存と非対称の関係からなるひとつの接触領域」［Ogden, Hall, and Tanita 一〇頁］である伴侶種は、伴侶動物とはまったく異なる存在様態である。愛玩動物や飼育されている動物一般を指す伴侶動物は、主人であるヒトとそれにつき従う動物のペアリングを前提にしているが、伴侶種は「一＋一」という足し算自体を破産させるからだ[4]。

伴侶（companion）は、キリストの肉が化体したパンを共にする、という意味のラテン語 *cum panis* に由来する。テーブルの上に載ったパン＝肉をコミュニティで共有するという平和的な含意の他に、苛烈な肉の喰いあいがある、という点については主菜として残しておこう。ここで拘るべきは、わたしたちという人称の認識論的＝存在論的様態に深くかかわる、種（species）という概念である。

偶然の邂逅によって調和のとれた全体が生まれると

いうことはないし、前もって滞りなく構成された独立体（entities）どうしが出発地において出会うことなどない。そのように所与の事物が触れあったり、ましてやくっつきあったりすることなどありえない。というのもそもそも出発地は存在しないからだ。だから単数形でも複数形でもない種が要請するのは、それとは別様の配慮の語り（reckoning）の実践なのである。（表面付着生物を携えた）どこまでも重畳《ちょうじょう》する亀の流儀に倣い、それ自体世界であるような、熱を帯びた接触領域における出会いが、わたしたちという存在のありかたを形づくる。ひとたび出会ってしまったからには、「わたしたち」は二度と「元」には戻れない。［WSM 二八七頁］

所与の個体が足し算された「調和のとれた全体」の帰結としてわたしたちが存在することはない。その内実を理解するためには、「一者では少なすぎるし、二者では多すぎる」サイボーグが、「単数形でも複数形でもない種」として変奏されていることを理解しなければならない。

機械とヒトのハイブリッドとして定義されるサイボーグはたんに混成体であるというにとどまらず、常に流動的に生成し続ける量的身体でもある。「身体の個体性は石のそれではなく炎のそれであり、一塊の物質の個体性ではなく形態の個体性である。この形態は伝送されることも、変形されることも、複製されることもできる」［ウィーナー 一〇六頁］というサイバネティクスの祖の言葉は、サイボーグ理解のための人工補綴《ほてい》となるだろう。サイボーグの身体は、資本の流動が女のカテゴリーをやすやすと越えて途上国に達することに神経を尖らせる。情報工学の体制が家父長制を飲み込み、労働力の互換が加速していく最中にも、それらは化学結合を繰り返し生き延びる。サイボーグはその化学親和力に恃《たの》み、一者と二者という数のあいだで転調する量、動的身体として現れ続ける。

サイボーグと同様に、伴侶種の「わたしたち」は、単独種としても複数種としても確立されない［5］。ハラウェイが「プレイはわたしたちを刷新する実践、一者でも二者でもないなにかにつくりかえる［中略］実践である」［WSM 二三七頁］というように、「わたしたち」それ自体、一者と二者のあいだで揺動しながら邂逅と出会いによって創発する人称である。互いに近接した状況下で起こる「伴侶どうしの共−生成」［becoming-with-companions, WSM 三八頁］は、安定した種のカテゴリーに基づく一人称単数「わたし」や一人称複数「わたしたち」の常識的用法を揺さぶる。わたしたちは、「「わたしたち」という予期できないたぐいのもの」［WSM 五頁］へと誘われる。

かくて、ハラウェイが *When Species Meet* 第一部の見出しに掲げる「わたしたちが人間だったことは一度もない」という挑発が、ブルーノ・ラトゥールの「わたしたちが近代に存在していたことは一度もない」[6]を踏まえつつも、それとはまるで異なる問いの射程を備えていることは明らかであろう。「現実は動作動詞だし、名詞もすべて、一体のタコよりも付属器官の多い動名詞のようだ」[CSM 六頁]というハラウェイの文体的志向に親身になろう。「わたしたち」という人称代名詞は、「哲学のいう人間」[WSM 一六五頁]や単一種による想像の共同体ではないし、単なるアクターの集合体でもない。そこは、さまざまな生物/非生物の動名詞的な触発が、一者では少なすぎるし二者では多すぎる、異形の伴侶たちの身体を生成する現場である[7]。

1.4 食べることと共生すること

サイボーグと伴侶種を経たハラウェイは、それらを包摂する新たな世界生成のヴィジョンを打ち出す。人間が特権的な行為者としてふるまい、共-生成のプロセスには加わらず、ヒトという種の再生産に汲々とする、人新世や資本新世、植民新世を乗り越えるための地質学的時空間がクトゥルー新世(Chthulucene)である[8]。多岐にわたるクトゥルー新世の問題系のうちでも、共生について論じる本稿では、従来の生物学において作業仮説を組むうえで重用されてきた(ハツカネズミやショウジョウバエのような)有機体モデルから、リン・マーギュリスの理論をベースにスコット・ギルバートらが生態学・進化論・発生学を糾合して打ち出した(地衣類やサンゴのような)共生態モデルへの転換に着目する[9]。

> マーギュリスに倣い、わたしは動的共生体(holobiont)という用語を、時間・空間のスケールの大小にかかわらず、共生する動的編成(symbiotic assemblages)という意味で使う。これは、どちらかといえば動態的な複雑系のなかで内的に作用する(intra-active)、多彩な関係生成の結節群のようなものである。競争か協調か、という幅でしか思い描くことのできない相互作用(interactions)状態に置かれている、所与の境界をもつ(遺伝子、細胞、有機体などの)ユニットから構成された生物学上の独立体(entities)からは遠い。マーギュリスの場合と同じく、わたしが用いる動的共生体が指すのも宿主+共生生物ではない。関係の結び方は多様であり、他の動的共生体との接合と動的編成へと開かれている度合いが変化していくという意味において、すべてのプレイヤーは互いにとって共生生物だからだ。共生(Symbiosis)は「互恵的」の同義語ではない。[SWT 六〇頁]

動的共生体は、境界が変容しない数えられるユニット間の関係ではなく、境界の生成から解体までを含む境界自体の変容過程を概念化する用語である。それは、相互作用をするアクターの集合体ではないし、宿主とその他の共生生物を足し合わせた全体でもない。動的共生体とは、行為や関係が生成する前に存在するものではなく、複数種の行為のなかで関係が生成し身体が構造化されていく、内的作用(intra-action)そのものである[10]。ここに一者と二者のあいだ、単数と複数のあいだで共−生成する具体、サイボーグと伴侶種の変奏を見てとることができる。

動的共生体は、遺伝子の水平伝播を例に生物学的に基礎づけることができる。しかしハラウェイの例証で特筆すべきは、微視的な異種共生と個体が生きのびるための捕食・摂食との密接なかかわりだろう[SWT 六四 - 六六頁]。

手始めにダンゴイカの例を見てみよう。ハワイに生息するダンゴイカは種単独で成体へと発生することはできない。成体になるためには、幼生段階の特定の時期に特定の場所でビブリオ菌に感染しなければならない。というのも、この感染によって、幼生は海中で発光することが可能になり、自分よりも強い捕食者を欺き、身を隠すことができるようになる。このように、ダンゴイカという種は、ビブリオ菌との偶発的な身体的接触・感染によって生成する。

現存する生物のなかで、動物の祖先にもっとも近いと目されている原生動物、襟鞭毛虫の事例はさらに生の根源を抉っている。襟鞭毛虫はその名の通り、精子のような形態をした鞭毛細胞に、アクチンを主成分とする微絨毛からなる襟がついた生物である。捕食の際には、この襟部分に細菌などの粒子を接着させる。生を支える接触は捕食には限られない。襟鞭毛虫のなかには、ある一定の条件のもと、寄り集まって細胞接着し、群体(colony)を形成するものがいる。群体となった襟鞭毛虫は、各個体に機能を分化し、まるでひとつの生物であるかのようにふるまう。この群体形成には餌となる細菌のふるまいが関与していることが明らかになっている。捕食と共生は水波のごとき一連の過程である。「捕食者−細菌間の接着メカニズムが、多細胞性進化のあいだに細胞間接着の手段として用いられるようになったということもありうる」し、片利共生細菌が動物の環境適応と新たな生態系の形成を促した可能性を示す研究成果も陸続とあがってきている[Alegado and King 一〇頁]。従属栄養生物が個体として生きるために必要な捕食、環境の変化に応じた群体の形成、多細胞性の獲得、さらには捕食者と被食者の共生はすべて、一連の内的作用の賜物である[11]。

細菌をめぐる動的共生体の事例は、奈良で自然農生活を送る東千茅の実践とも重なるかもしれない。動的共生体とは、東の言葉を借りるなら、生きるために食べることと共に生きることの「癒着」〔東 三四頁〕であり、「自他の相互越境状態とでもいうべき開放的な個体の生の本然」〔東 五一頁〕だからだ。生物どうしが捕食者／被食者へと生成することもあれば、互いを共生生物として抱き込むこともありうる。生きるための捕食は生きるための存在自体の変容を伴うため、捕食者／被食者を予め区別することはできない。それらの差異は、接触領域のただなかで偶発的に生じる役割の分化に過ぎない。里山で自給自足生活を送るうちに、「かえって個我というそれまでこだわってきた枠が侵犯される結果となり、あまつさえその侵犯されてあることにこの上ない悦びをかんじている」〔東 五〇―五一頁〕という東千茅の感慨は、この動的共生体の生きた実例と言ってもいいだろう。食糧自給の達成とは、食糧となるいきものと共に生きざるを得なくなるという意味においては、自足の放棄でもあるのだから。

ここでより根源に迫る問いを発するべきだろうか。食べるわたしたちと、共に生きるわたしたちは同じなのではないか、と。

1.7 消化しきれなくて共に生きざるをえなくなったわたしたち

「微生物の世界では、「食は人なり」を文字通りとることができる」〔Gilbert Sapp, and Tauber 三二六頁〕という箴言を、あらゆる生物に共通の生死一体のプロセスとして拡張したのが伴侶種である。まずは、先に保留していた伴侶（companion）の語源である *cum panis*、すなわちキリストの肉の化体であるパンを共にする、ということの内実を、テクノロジーとヒト、そして機器を介して動物の生と交わることについて論じている箇所から確認しておこう。

むしろテクノロジーは、メルロ＝ポンティが「肉の折り込み」（infoldings of flesh）と呼んだような意味において、臓器であり、常にパートナーである。わたしは、世界を制作するさまざまな出会いが織りなすダンスの意を忍ばせるには、インターフェイスよりも折り込みという言葉のほうが好みだ。襞のなかで起こることが大切なことなのだ。肉の折り込みはこの世界を具体化したものとして存在している。この語はわたしに、走査型電子顕微鏡に映る、高度に拡大された細胞の表面を見せてくれるのだ。映像をのぞき込むわたしたちは、高くそびえる山脈や谷を、絡み合う細胞小器官と外来の細菌を、そしてわたしたちが二度と滑らかなインターフェイスとしては想像できないような、表面の多形的な嵌合《かんごう》を、視-触覚的な触感のもとに体験する。〔WSM 二四九頁〕

ここで比較対象となっているのは、滑らかな表面どうしの接触を含意するインターフェイスと、いろいろなものがでこぼこした襞をつくって嵌入しあう多形的な表面を備えた肉の折り込みである。ハラウェイの著作群を貫くキーワードのひとつである「肉」は、面と面の接触としてではなく、あらゆる次元でキメラ的な嵌合が起こるトポロジカルな接触領域として形象化されている。「肉」は比喩ではない。「この世界を具体化した」動的な形象である。

　だからこそ伴侶種は、ひとつのテーブルの上に載ったパンをみなで共有する睦み合いではありえない。これは互いの身体を食みあうプロセスである〔12〕。「彼らは触れる、ゆえに彼らは存在する」〔WSM 二六三頁〕を、慈しみの触れあいとして解すのは無垢にすぎる。接触はいつでも、常識的な相関関係を断線させる、肉と肉の巻きこみ事故である。

　事実、「多種からなる人間と非人間の生き死には食の実践にかかっている」〔WSM 二九五頁〕と述べるハラウェイの共生思想の根源には、肉を喰い喰われる関係がある。そして肉を食べることと共に生きることを癒着させるのが消化不良である。

　なんとか自活しようと、いきものはいきものを食べるのだが、お互い消化できるのは一部にすぎない。排泄物は言うまでもなく、未消化なものがたくさん残るのは自然な結果である。消化の残りもののなかには、もつれあって連携するなかでさまざまな一と多の新たな複合的なパターンを生成する媒体となるものもある。〔WSM 三一一頁〕

生きるためには傍にいるなにかを食べなければならない。それは殺すことでもあるだろう。しかし共生の思想において、死にゆくことは生きていくことと同根の生成過程である。死に向かう過程と生を紡ぐ過程が同じ生成プロセスなのは、肉のうちでも「消化できるのは一部にすぎない」からに他ならない。どんなにうまく殺そうとも、わたしたちは「肉の折り込み」を食いつくし、そのすべてを消化することはできない。だから消化不良として残されたものといつも共生せざるをえない。この消化不良が、わたしたちという「一と多」に引き裂かれた人称と実存の「新しい複合的なパターン」を創発する〔13〕。

　主菜はわたしたちである。

リン・マーギュリスとドリオン・セーガンが言わんとしていたことは、今生きている数多の有機体が進化の末に身に着けた多様性と複雑性が、共発生(symbiogenesis)の働きの賜物だということだった。つまりは、共発生を介してごちゃまぜになったゲノムと現存する生命の連合体は、テーブルについたときには全員がメニューに載っている、会食の仲間どうしの摂食とそれに漏れなくついてくる消化不良がつくった強力な子孫であるというのだ。[WSM二八七頁]

わたしたちは例外なく、わたしたちを食べながら生成していく。しかしその裏でわたしたちはわたしたちに食べられながら、消化不良のまま残された肉でもある。生きているものはすべて、なにかを食べつつも消化しきれずにそれを包摂し、他方でなにものかに食べられても消化されずに別の体内に包摂される生き残りである。こうして数えることのできない肉は相互包摂を繰り返し、折り込まれていく[14]。

動的共生体がミクロの水準で提示し、伴侶種がこれを実存的に裏書きする、食をめぐる共生は、人間の利害や行動パターンからはかけ離れている[15]。この共生思想を、ヒトの認識能力からその外部を推し測るにとどまる、あるいは思考の外部に対する関与自体を否定する、相関主義に対する一種の批判として考えてもいいだろう。ただし、わたしたちがなすべきは、肉食の生と残りものとしての共生を思弁することではない。この相関主義批判は、すでに約四〇億年のあいだ生きられてきたからだ。わたしたちはこれを別様に、いまだかつてないかたちで引き継ぐ。手の届く範囲にある局所的な世界生成に参加するとき、非相関主義的共生のなかに巻き込まれたヒトは、「わたしたち」の実存の力をその内側から賦活させる存在になるだろう。そのとき動名詞的に共-生成する身体は、もはや人新世のヒトではなく、なにかの残りものとなるだろう。

1.98 堆肥としてのわたしたちと野良のわたし

ヒトの残りものを実存的に思弁するハラウェイは、ホモ・サピエンスを堆肥化する。

ポストヒューマニズムのもとになされた生成力豊かなたくさんの仕事によってわたしが育まれたという事実はあるが、それでもわたしは、触手を伸ばし粘ついた糸を引くあらゆる存在によってその記号に不満を抱くようつくり変えられてきた。わたしのパートナーであるラステン・ホグネスが、人文学(humanities)に代わる腐植学(humusities)とともに、ポストヒューマン

（ニズム）に代わる堆肥体（compost）を提案してくれたので、わたしはそのミミズが住む堆肥の山に飛び込んだ。自己形成と惑星規模の破壊を続けるCEOの萎え行くプロジェクト、つまりホモとしての人間を、もし切り倒して切り刻むことができるなら、という留保はつくが、腐植としての人間には秘めたる力がある。資本主義リストラ大学開催の人文学の未来会議ではなく、多種が寄りあえる無礼講を目指す腐食学の力会議を想像してみようじゃないか！［SWT 三二頁］

ポストヒューマンにこびりついていた自律的なヒトの残滓を捨て、共に依存しあうわたしたちは、退避地を失い痩せていく大地の上で、さまざまな堆肥を制作する。生物に食われたあと未消化のまま残される排泄物もそこには含まれる。わたしたちは土壌微生物に分解され、やがて腐植となり、未だ存在しない未知の生を育むだろう。わたしたちは堆肥をつくり続けることによって、数えることのできない堆肥体となる［16］。

サイボーグ、伴侶種、動的共生体と続く共生への触発は、わたしたちという実存を種差別から解き放つ洗礼であると同時に、ヒトを生のプロセスに巻きこみその一部とするための挑発でもあった。わたしたちは、共に喰らいあいつつ仕方なく一緒に生きるあいだに形質転換していく。いつまでも喰らい喰らわれ排泄し排泄されながら死につつ生きながらえるわたしたちは、この現在進行形の分厚い現在にとどまり続ける。物理学的平衡を突き崩すトラブルとともにとどまり続ける《ステイング・ウィズ・ザ・トラブル》。これは、ヒトのままでは思考できない実存、堆肥体へと至る身体的実践である。

では、今ここから離れずに生きるこのわたしは、どんな実存を生成するのだろうか。自己／他者として記述できない、肉の折り込みや排泄物と共に生成するわたしとはなにものだろうか。大学や研究機関に所属せず、しかしアカデミアと無関係ではなく、世間を彷徨する、さりとて世間に根拠があるというわけでもないこのわたしは今、次のようなハラウェイの汚らわしい言葉と共に、わたしたちのなかに包摂されながら胡乱《うろん》な個体として切り出されていく瞬間を体感している。

野良（feral）への生成は、他のどんな種の絡み合いの生成にもひけをとらない、世俗世界的な生成を必要とする――と同時にそれを招き入れる。「野良」はあらゆるアクターに偶発的に到来する「共－生成」の別名である。［WSM 二八一頁］

かつては飼われていたものが野に放たれたとき、それは「野良」と呼ばれる。家畜でも野生でもない野良。野良犬、野良豚、野良猫、野良カミツキガメがいるなら野良人《のらびと》がいてもいいだろう。完全なる飼育も純粋無垢な野生も存在しないわたしたちの世界のなかで、わたしは自己同一性を担保された会社人としてではなく、有象無象と共に生成する野良人として今、切り出されようとしている。堆肥《コンポスト》のなかの野良《フェラル》、野良のなかにも堆肥。ほとんど野糞だ。わたしたちのなかでわたしは野糞として生きていて、わたしのなかには消化不良の来るべき野糞のわたしたちがたむろしている。少なくともわたしのからだはそのように応える。

ただし、野糞が専門とするのは人文学ではなく、腐植学である。

※本稿は、第二三回マルチスピーシーズ研究会シンポジウム「食と肉の種的転回」(二〇一八年一二月八日、熊本大学)での口頭発表「共生態としての種・ダナ・ハラウェイと内なる協働」を堆肥化したものである。

註

1 内閣府の資料 https://www8.cao.go.jp/cstp/society5_0/society5_0.pdf を参照。

2 以下、ハラウェイの著書からの引用文はすべて拙訳、頁数は原著に対応している。書名は、SCM (*Simians, Cyborgs, and Women*)、CSM (*Companion Species Manifesto*)、WSM (*When Species Meet*)、SWT (*Staying with the Trouble*) と略記する。訳出に当たって先行する訳業『猿と女とサイボーグ』と『犬と人が出会うとき』(以上、高橋さきの訳、青土社)、および『伴侶種宣言』(永野文香訳、以文社)を適宜参照している。他の英語文献からの引用も拙訳による。

3 形象 (figure) はハラウェイの鍵語である。OEDの"figuration"の項目にある「キメラ的ヴィジョン」という語義に示唆を受けたハラウェイは、「表象でも訓詁的図版でもなく、多様な身体と意味がお互いを形成しあう物質的-記号論的結節点や結び目」(WSM 四頁)として形象を定義している。フィジカルなものとメタフィジカルなものは形象において一体化する。ハラウェイの著作群に登場する、サイボーグや伴侶種、オンコマウスを始めとする生物/非生物は、記号と物質が嵌合するキメラ的な生成を体現した形象である。

4 伴侶種を異種間の関係とする議論には問題が多い。「種間の関係性」(Tsing 一四一頁註一)と定義したり、「コンタクト・ゾーンにおいて、種と種は、階層性を内包しつつも相互に互いを形成しあう」(合原 七七頁)と解釈したりすると、種差によって分け隔てられた身体を出発点とはしない伴侶種の内的作用を、ヒトと伴侶動物の相互作用に還元することになる。内的作用については註一〇を参照。

続いて、本誌編集委員から提起された、ハラウェイとカイエンヌのアジリティ競技(障害物競走)をめぐる記述は、ヒトと伴侶動物の関係として描かれているように読めるのではないか、という指摘に応答したい。詳細な検証は別の機会に譲るが、アジリティの記述の読解の際には次の引用が基準になる。

わたしたちはわたしたちにもほとんど理解できないコミュニケーション行為の中で、お互いを（each other）トレーニングしていく。構成上、わたしたちは伴侶種である。お互いを目の前の肉の中に（in the flesh）つくりあげる。種差の点ではお互いに著しく他なる存在（significantly other）であるわたしたちは、目の前の肉の中においては、愛と呼ばれる汚らわしい発生学的感染の証である。この愛は歴史を逸脱するものであると同時に、自然=文化の遺産でもある。［WSM 一六頁］

アジリティという接触領域において訓練を受けるという点では、ハラウェイも変わらない。カイエンヌと伴侶種の契りを結ぶ限り、ハラウェイは犬の歴史や薬の問題、（菅原は二一〇–一一頁で行動主義に対する忌避感を抱いていたかつてのハラウェイを指弾するが）軽蔑していたはずの行動主義を学ばざるを得ないところまで行ってしまう。これはアジリティのトレーニングの最中に生じる、「わたしたちにもほとんど理解できないコミュニケーション行為」の結果である。種差自体に意味がないわけではない。しかし種差に基づいていては記述できない、あらゆる生物に共通の「肉の中で」生じる「汚らわしい発生学的感染」を記述するための形象が伴侶種である。「肉」については後述する。

5 種の定義は生物学と哲学による論争の中心的なトピックである。種には二〇以上の定義が認められる。その困難については Stanford Encyclopedia of Philosophy の「種」の項目（https://plato.stanford.edu/entries/species/）を参照。ハラウェイによる種概念の批判については、WSM 一六五頁を参照。

　ハラウェイは、種差を前提とした自己／他者論を展開するデリダの動物論を批判している。しかしデリダはハラウェイの伴侶種でもある。種（species）と「配慮」（respect）の語源が「見ること」「見返すこと」*(re)specere* に由来することを指摘し、猫を哲学的他者とするそのまなざしの根拠である「種」を見返さなかったデリダをハラウェイは批判するが、この批判がそのままデリダの応答責任の問題系を継承するものであることには注意する必要がある（WSM 二九五頁）。以上のような倫理的な共–生成を菅原の批判は無視している（菅原 二〇八–〇九頁）。

　同様に、『千のプラトー』でドゥルーズ=ガタリが提示した、ヒトが「動物に《なる》潜勢力」（菅原 二二一頁）は、種差を前提とした自己／他者という哲学的認識に立脚している。動物への生成は、動物の生成を語らない。CSMとWSMの主要概念である「共–生成」（becoming-with）は、動物への生成を批判的に継承したものである。共–生成の発想は、直接的には Despre に負っている。

6 ブルーノ・ラトゥール『科学が作られているとき——人類学的考察』（川崎勝+高田紀代訳、産業図書、一九九九年）原題の訳。

7 接触領域論の新たな展開には、ダーウィンの著作に進化論とは異なる異種巻きこみの兆候を読みこみ、ネオ・ダーウィニズム批判を展開する Hustak and Myers がある。

8 SWTの概略についてはハラウェイと逆巻を参照。

9 ギルバート、ギルバート&イーペル、Gilbert、マーギュリスを参照。

10 内的作用は、まず身体があってそれらが相互作用するというモデルから離れ、運動や行為、関係の生成のなかから身体や事物が創発するというモデルを提示する用語である。Barad を参照。ジュディス・バトラーの「偶発的基礎づけ」（contingent foundations）とも親和性が高い。CSM 六頁参照。

11 技術の進歩がもたらした生物学の革新、遺伝子の水平伝播、微生物との共生の概要については McFall-Ngai を参照。

12 「同じ釜の飯を食う連帯感、くつろぎ感、そして食事に至るまでの苦楽を共にするコンパニオン」(池田光穂「コンパニオン・スピーシズの問題系」http://www.cscd.osaka-u.ac.jp/user/rosaldo/problematique_companionspecies.html)という解釈では伴侶種を無垢の象徴にしてしまう。共生の形象は、いつも「非無垢」(noninnocence)と共にある。

13 ハラウェイは、次のようなリン・マーギュリスの共生思想に多くを負っている。「複合細胞が生まれた一連の合体の終わりとして、真核細胞のうちのあるものが緑色の光合成細菌〔シアノバクテリア〕をのみこみ、消化しそこなって体内に残した。細胞内での戦いのすえに、消化されなかった緑色細菌は葉緑体になった」(六〇頁)。

14 このような共-生成プロセスの相互包摂は、ハラウェイが時折言及するプロセス哲学者アルフレッド・ノース・ホワイトヘッドの「さまざまな抱握の合生」(concrescence of prehensions)とも近い。しかしハラウェイの共生が、ひとつの世界や地球、宇宙のような全体に到達することはない。共生は常に特定の状況に拘束されており、有限性をもつ。プロセスの有限性については稿を改める。

15 以下はすべて、出会いの機縁を与えてくれた奥野克巳とマルチスピーシーズ研究会での出会いに対する「わたしたち」の応答である。

16 堆肥体の有限性と死に関しては猪口を参照。「食の種的転回」に登壇した石倉敏明は、「内臓」と「外臓」の論理——可食性の人類学に向けて」において、堆肥体とも親和性の高い、器官系の世界生成を展開した。

参照文献

Alegado, Rosanna A., and Nicole King. "Bacterial Influences on Animal Origins." *Cold Spring Harbor Perspectives in Biology* (2014): a016162, 1-16.

Barad, Karen. *Meeting the Universe Halfway: Quantum Physics and the Entanglement of Matter and Meaning.* Duke UP, 2007.

Despre, Vinciane. "The Body We Care For: Figures of Anthropo-zoo-genesis." *Body & Society* 10.2-3 (2004): 111-34.

Gilbert, Scott F. "Holobiont by Birth: Multilineage Individuals as the Concretion of Cooperative Processes." Tsing and Swanson, et. al. M73-89.

---, Jan Sapp, and Alfred I. Tauber. "A Symbiotic View of Life: We Have Never Been Individuals. " *The Quarterly Review of Biology* 87. 4 (2012): 325-41.

Haraway, Donna, J. *Simians, Cyborgs, and Women: The Revision of Nature.* Free Association Books, 1991.

---. *Staying with the Trouble: Making Kin in the Chthulucene.* Duke UP, 2016.

---. *The Companion Species Manifesto: Dogs, People, and Significant Otherness.* U of Chicago P, 2003.

---. *When Species Meet.* U of Minnesota P, 2008.

Hustak, Carla, and Natasha Myers. "Involutionary Momentum: Affective Ecologies and the Sciences of Plant/Insect Encounters." *differences* 23.3 (2012): 74-118.

McFall-Ngai, Margaret. "Noticing Microbial Worlds: The Postmodern Synthesis in Biology." Tsing and Swanson, et. al. M51-69.

Ogden, Laura A., Billy Hall, and Kimiko Tanita. "Animals, Plants, People, and Things: A Review of Multispecies Ethnography." *Environment and Society: Advances in Research* 4 (2013): 5-24.

Tsing, Anna. "Unruly Edges: Mushrooms as Companion Species for Donna Haraway." *Environmental Humanities* 1 (2012): 141-54.

––, Heather Swanson, et. al., eds. *Arts of Living on a Damaged Planet*. U of Minnesota P, 2017.
東千茅『つち式　二〇一七』（私家版、二〇一八年）
猪口智広「土である」という死の肯定——クトゥルー新世における思弁的寓話小説について」（『REPRE』三三、二〇一八年、https://www.repre.org/repre/vol33/note/inokuchi/）
ウィーナー、ノーバート『人間機械論——人間の人間的な利用』第二版（鎮目恭夫・池原止戈夫訳、みすず書房、一九九二年）
ギルバート、スコット・F『ギルバート発生生物学』（阿形清和・高橋淑子訳、メディカルサイエンスインターナショナル、二〇一五年）
ギルバート、スコット・F & デイビッド・イーペル『生態進化発生学——エコ-エボ-デボの夜明け』（正木進三・竹田真木生・田中誠二訳、東海大学出版会、二〇一二年）
合原織部「猟犬の「変身」——宮崎県椎葉村における猟師と猟犬のコンタクト・ゾーン（接触領域）に着目して」（『コンタクト・ゾーン = Contact zone』九、二〇一七年、七二-九七頁）
逆巻しとね「アーティチョークの茎とアカシアの石板——アーシュラとダナが出会うとき」（『ユリイカ』二〇一八年五月号、八七-九七頁）
菅原和孝『動物の境界——現象学から展成の自然誌へ』（弘文堂、二〇一七年）
ハラウェイ、ダナ「人新世、資本新世、植民新世、クトゥルー新世——類縁関係をつくる」（高橋さきの訳、『現代思想』二〇一七年一二月号、九九-一〇九頁）
マーギュリス、リン『共生生命体の30億年』（中村桂子訳、草思社、二〇〇〇年）

ブタをめぐる視点の形成――パナマ東部先住民エンベラの肉食と植民地史

近藤宏

一　肉食の条件としてのブタ飼育

肉食について考えるとき、動物は何より人に食べられるものとしてイメージされる。なかでも、飼いならされることで誕生したブタは、食べられる存在の典型のようにも思われる。だが、パナマ東部地域に暮らすエンベラにとっては、そのイメージはもっと複雑である。

アマゾニアの先住民のあいだでは野生動物には主人がいると考えられおり［Fausto 2008; コーン 二〇一六］、そうした霊的／神話的人物形象は、エンベラのもとにもある。ただエンベラは、ワンドラと呼ばれるその主人と野生動物のかかわりを、あるアナロジーによって説明する。すなわち、ワンドラは、人がブタを飼うように、動物を飼うというのである。

実際にエンベラは、ブタを飼育する。その目的は換金と自家消費で、あらゆる世帯が行うわけでもなければ、やめてしまうこともあるが、それなりに大きく育ったブタは親族にも分配可能な量の肉を提供し、関係が親密であることを確かめる共食の機会をもたらす。さらに、エンベラは狩猟もするので、ワンドラのブタを奪い、食べることになる。狩猟による肉食も「ブタ飼育」を前提にする。エンベラの思考では、家畜であろうと獲物動物であろうと、「ブタ飼育」が肉食の可能性の諸条件のひとつである。

エンベラのシャーマンが「野生動物は飼い主にとってのブタである」というアナロジーを用いて、いかに狩猟は可能であるかを説明してくれたことがある。彼によれば、野生動物の主人は人知れない場所に畜舎をもち、そこで動物を飼う。では、もし動物が畜舎にいるなら、どうして狩猟ができるのか。そのようにわたしが尋ねると、彼は、次のように答えた。「主人は、ブタを飼う人間のように、畜舎から動物を放すこともあれば、動物が、人間の飼うブタのように、畜舎から勝手に出ていくこともある。だから、森を歩けば動物を見ることができるんだよ」と。ブタと主人の関係において、ブタには自由があるようだ。

はじめて飼い主の餌やりについて行ったときのことを、よく覚えている。ジルベルがわたしを連れて行った小屋には、ブタは一頭もいなかった。ブタがなぜいないのか、わたしは事態をうまく理解できずにいたが、ジルベルはおもむろに「ウゥーアー、ウゥーアー」と大声で何度か叫んだ。なぜ叫んだのかと尋ねると、ジルベルは「ブタを呼んでるんだ。ここに着いたぞ、とブタに教えているんだ」と答えた。「本当に来る?」といぶかしげに尋ねると、ジルベルは、「シーッ」と音を立てないようにうながし、ブタの動きを確信して答えた。「ああ、来るさ」。しばらく待つと、木陰でガサガサと動く物音が聞こえる。茶色の毛をしたブタが一頭、見えた。本当にブタが来たことに驚いていると、続けざまに数頭のブタが姿を見せた。ジルベルは、勝ち誇ったような顔をこちらに向けていた。

シャーマンが述べていることは、狩猟はジルベルのブタのように、飼い主が動物を管理しケアする場——アンダーソンらのいうドムス(domus)の場[Anderson et. al. 2017]。——から動物が離れることで可能になるということだろう。「ブタ」とは、家畜性よりも主人の統制から離れる能力を指している、ということなのだろうか。

二 ブタの育て方

エンベラのブタ飼育は、囲いから離れるブタの能力を当てにする。飼育小屋は、村落から離れた耕作用地のそばに設置される。そこには、農作業用の小屋として伝統的住居様式と同じ高床式の建物があり、その床下に、切り倒した樹木の幹や枝が地面と水平に並べられ、ブタの飼育小屋の壁となる。隙間のある壁に囲われた空間の内部には、水浴び用のものはおろか、飲み水を供給する装置すらもない。生き物としてのブタを閉じ込め続けるような設備はないが、そこがブタを生きさせる場所となる。餌やりの場となるからである。

ブタの飼い主は、二日か三日に一度、耕作用地に用事がなくともブタ小屋に出かける。たいていの場合、そこに着いた時にはブタは囲いの内ではなく外にいる。飼い主はその状況に慣れており、ブタが小屋にいないと知ると、大声で叫ぶ。餌付けができていれば、この呼びかけで、囲いの外にいるブタはすぐに集まってくる。集まったブタに餌を与え、その様子を眺め身体に触れて、成長具合や健康状態を確認する。そして、囲いのなかに餌を置いてから飼い主は村落に戻る。囲いの扉を閉めることもあれば、開けておくこともある。ブタにある程度の行動の自由を与え、飲み水や食糧を補うことも委ね、飼育を容易にするためである。
ときにブタは、囲いの外に勝手に出る。鼻で地面を掘り返し、枝と土のあいだに隙間を広げ、あるいは前足を壁の上にかけて、どうにか囲いの外に出ると、その外を歩き回り、鼻で地面を掘り返して食糧を探す。アボカドやカカオなど、森の木に実がなれば、ブタはそれを求めて森に踏み込んでゆく。だからこそ、小屋を定期的に訪れて餌付けをすることが、ブタを飼うには欠かせない。さもなければ、ブタは食べ物のある森で暮らすようになるからだ。飼い主は餌付けによって、囲いに呼び出せる程度にはブタを統治する。だが、ブタを完全に食べさせて、全面的に従属させることはない。つまり、人に食べさせられ食べられるブタは、自力で食べるという主体性を失うことなく存在する。

三　チマロンになる力

ブタには食べる主体としての自由があり、主人の統治から逃れることができる。「御しがたい」／「荒々しい」と形容されるブタの様子は、雌雄を問わず、囲いを出ようとするとか、森にまで遠出するふるまいに見いだされる。典型的家畜のブタが食べる主体として存在する世界をエンベラに経験させるその視点は、いかにしてエンベラのもとで形成されたのか。それを考える手がかりが、エンベラの間で知られる「チマロン（*chimarrón*）」、囲いを去り森で暮らすようになったブタである。エンベラによれば、ブタはチマロンになると、獰猛さを著しく増す。「人に対しても向かってくる」ような姿勢を身に着けるチマロンの「歯は牙のようになっている」。チマロンは「以前は人間に飼われていたからこそ、人間に慣れている。ほかの動物とは違い、人間やイヌに恐れを抱くことなく襲ってくる」。自らを養うブタは、チマロンになる潜勢力をもつ動物であり、飼い主など恐れない存在に変容する能力を宿している。

チマロンはまた、森のどこかにいるある種の「野蛮人」のことでもある。ただしそこには、さらなる含みがある。川の上流や森の奥深くの正確にはわからないどこかで、あまり物品を使わない生活を送るチマロンは、商店のある町まで空のカヌーで下ると、そのカヌーを満たすほどの塩や食用油、衣服などの商品を持って帰る。その豊かさは、彼らが所有する金によってもたらされる。こうしたチマロンは現在のエンベラの祖先であり、スペイン人が建造した、そこにいる限りは死ぬまで強制労働が課される塔から逃げ出した人びとであるといわれている。

ブタと人間の双方を指すこのチマロンということばは、スペイン語のシマロンが音訛《おんか》化し、部分的に固有の意味を帯びたものである。スペイン語のシマロンも二つのことを指す。ひとつは、野生化した家畜動物である。エンベラにおけるブタのチマロンも、同じ境遇にある。もうひとつは、植民地期の新大陸にみられた逃亡奴隷である。アフリカ系逃亡奴隷の子孫の多いコロンビアでは、その政治的な力を現代に呼び出すことばでもある。一九八〇年代に組織されたアフリカ系コロンビア人の社会運動体が、シマロン運動（El Movimiento Cimarrón）を名乗ったように［Castro y Meza 2017］。シマロンということばからも、エンベラの語るチマロンの属性からも、植民地期の歴史が思い起こされる。

今日パナマに暮らすエンベラは、植民地期には現在のコロンビア領の太平洋岸地域、チョコ地方に暮らしていた。この地域は一六世紀には金《きん》があることが知られ、一八世紀初頭には、黒人奴隷を導入した金鉱採掘が大きく進展した。その政治経済体制下で、制度的奴隷ではなかったものの、エンベラにも一定の役割が課された。カヌーを用いた金鉱への荷運びは、そのひとつだった。

こうした植民地史の痕跡を残す属性をもつチマロンがブタに結びつくのも偶然ではない。ブタもまた、ヨーロッパから新大陸にもたらされた植民地的存在だからである。チマロンの特徴は、ブタをめぐる視点の形成の素材としてチョコ地方の植民地史を指し示している。そこで以下では、まずは新大陸におけるブタの定着を振り返る。そしてチョコ地方の植民地史から、奴隷人口を抱えることになる植民地状況下のエンベラの経験を考察しよう。

四　新大陸とブタ

一六、一七世紀のヌエバ・グラナダ王国〔1〕の歴史を食糧史から考察したサルダリアガによれば、新大陸はヨーロッパにあった飢えを忘れさせる、食の豊かな場所となった。ヨーロッパ人の到着は、肉食の環境を変えた。新大陸には存在しなかった家畜動物がその数を急激に増やし、パンを中心に多くの炭水化物と少量の肉を食べるヨーロッパの食習慣は、大量の肉を消費するラテンアメリカの食習慣に変わった［Saldarriaga 2006: 23］。なかでもウシとブタが重要で、植民地期のあいだ豚肉は牛肉より多く消費されていた［Derby 2011: 605］。

豚肉が新大陸に定着したのには、いくつかの理由がある。メキシコを中心にブタの普及を論じた歴史家のリオ・モレノによれば、ブタは征服行軍の重要な食糧源だった。「征服の可否のほとんどは、肉をめぐる必要、肉を食し排泄することに依存していた。つまり、行軍中にブタの群れを追跡する兵士や、前衛で戦闘に従事する男たちに食糧を供給するために、ブタを育てていた後衛の兵士に依存していた」。大陸での行軍にブタが適した理由には、カリブ海の島々でその数を増やしたこと、小さく船に積めること、「特別の注意や多くの労力がなくとも」維持できること、「兵士の歩みに合わせつつ、自らを肥育できる」ことがあった [Río Moreno 1996: 3]。サルダリアガは、ヤギやヒツジを含む旧大陸由来の家畜とブタには適応の面で大きな違いがあり、ブタは新大陸の「ほとんどの気候や土地に容易に適応できた」と指摘する [Saldarriaga 2011：284]。たとえば、ウシの飼育には適さない環境のカルタヘナ周辺でもブタ飼育は盛んになり、カルタヘナは豚料理で有名になった [Saldarriaga 2011: 285-295]。また、メキシコ、ペルーなどの高地や熱帯低地のパナマシティでも、武力征服の直後の「ほかに入手可能な肉のない」時期に、豚肉は需要を延ばした [Río Moreno 1996: 3]。

豚肉食がすぐに定着した理由はほかにもある。新大陸の征服事業はスペイン本国でのレコンキスタ（キリスト教国回復運動）の延長にあり、ムスリムやユダヤという「異教徒」を国土から追放し、キリスト教徒としての自覚を高めていたスペインの国民意識と切り離すことはできない。その歴史的状況で、豚肉には文化的にも重要な意味があり、「異教徒」とキリスト教徒の差異が、豚肉を食べるか否かにも求められた。スペイン本国では改宗の偽装者の存在が問題となり、改宗者たちは豚肉を公衆の面前で食べなければならず、ユダヤ的伝統を隠れて保持する者は「マラーノ」、すなわちブタと呼ばれた [小岸　一九九六：六一]。植民地でも「ブタはその当時、食べ物の最も強力な象徴となった。なぜなら、それを消費することで主体は、スペイン人であることとキリスト教徒であることが同じであるという政治的かつ宗教的理念へと同一化されていたからである」[Saldarriaga 2011: 283]。

食習慣への介入は、先住民統治にとっても重要だった。食人や大酒飲みがキリスト教的価値観から問題化されるだけでなく、昆虫や「木の根」を食べることのほか、過剰な魚の摂取を伴う先住民の食習慣そのものが「廃物食い」と否定的に価値づけられていた [Saldarriaga 2011: 120-145]。魚はカリブ海やマグダレナ川で暮らす先住民には重要な食糧だったが、入植直後のスペイン人にとって、魚という同一の素材が主食と主菜の双方、スペイン人にとってのパンと肉を兼ねる食習慣は、食事のカテゴリー区分を乱すものだった。彼らの眼には、魚の過剰摂取は、「貧困ではなく、インディオが怠け者であることに起因する産業と秩序の不足」ゆえのものと映った [Saldarriaga 2011: 135-136]。そこでキャッサバやトウモロコシ、家畜の肉からなる食習慣に慣れることが、先住民にも求められた。

豚肉は、エンコミエンダの労働や交易など、さまざまな経路を経て先住民の暮らしに浸透していったようだ。カルタヘナやカリブ地域では、先住民がエンコミエンダの労働としてブタ飼育を担った [Saldarriaga 2011: 296]。また、アンデス地方の北東部の先住民のあいだでは、鉱山にいるスペイン人や黒人奴隷らに売却するか、自家消費のためにブタ飼育が定着する［Saldarriaga 2011: 299］。サンタフェ・デ・ボゴタ近郊の先住民の場合、羊などのほかの家畜動物飼育を補完する役割にあった［Saldarriaga 2011: 302］。

ブタはスペイン人の征服事業を支えたが、その流通経路や食習慣の広がりは、スペインの統治圏域と一致していたわけではない。ダービーが記すようにカリブ海の島々でも、「厚い森の覆いによって、灼熱の日光からのシェルターと広範囲での食糧を探す可能性とが差し出されることで、急速に広ま」ったブタは、そのまま野生化すると逃亡奴隷の食糧になった［Derby 2011: 606］。逃亡奴隷のつくる村落パレンケは、一六世紀後半にはヌエバ・グラナダ領のカリブ海沿岸地域にも存在し、統治者の懸念事項となっていた。カルタヘナ領にあったパレンケのシマロンは、ときにスペイン人の統治下にはない先住民と交易し、ときに統治を逃れて来た先住民たちと連帯した［Navarrete 2011: 263-267］。新大陸のブタは自らを養いシマロンとなると、植民地統治にとって御しがたい人びとの食糧源にもなった。

では、エンベラは、ブタといかなる関係を築いたのか。残念ながら、エンベラにおけるブタ飼育の歴史的経緯を記述した文献は管見の限り見当たらない。そこでエンベラが暮らしていたチョコ地方における植民地期の歴史を以下では見ていこう。

五　チョコ　一六、一七世紀

チョコ地方は、現コロンビア領の北西の端に位置する。西部山脈を西側に下り太平洋を望む山間‐平原のひろがる地帯で、アトラト川、サンファン川、バウド川の三つの大きな川が流れている。アトラト川は北に向かって流れ、カリブ海のウラバ湾に、残りの二つの川は、南に向かって流れ太平洋にそそぐ。

アトラト川河口に大陸における最初の入植地のサンタマリア・デ・ダリエンが建設されたのは、一五一〇年である。しかしこれは、一六世紀初頭からアトラト川を利用した入植が進んだことを意味しない。一五二〇年代までには遠征が組織されたが、先住民の抵抗にあった。その遠征によってチョコ地方における金の存在は知られていたが、サンタマリア・デ・ダリエン自体が一五二四年に消滅する。その後、ピサロがペルーを征服し、カルタヘナなどカリブ海沿岸に別の入植地がつくられると、チョコ地方への入植は停滞した。ヌエバ・グラナダ領への入植はアンデス山脈に沿って南から北進するか、カリブ海側からマグダレナ川を遡るように進んだからである。一六世紀後半になると、西部山脈東側を下った地帯を流れるカウカ川流域の植民地都市のポパヤンから改めてチョコ地方へと遠征事業が企てられた。だが先住民の抵抗にあい、組織だった入植には至らなかった［Williams 2005: 10-16; 20-30］。

しかし一七世紀前半には、個人的／小規模な交易による関係が、サンファン川の上流の先住民とカウカ川流域のスペイン人のあいだに築かれていた。「金、トウモロコシ、小麦、ニワトリ（中略）を、斧、山刀、ナイフ、ビーズ」などと交換するためだった［Williams 2005: 47］。一七世紀中頃には、スペイン王室はカピトゥラシオンという、民間人に軍事遠征とその後の統治について一定程度の権限を認める制度を活用し、チョコ地方の併合を進めた。しかしその遠征も成果をあげられず、別の手段が採られた。それが、アンティオキアに拠点をもつフランシスコ会による集約村の建設で、食糧や鉄製品などの物品のための労働などを先住民に要求するものだった。既存の交易関係がそこで利用された。こうして、アトラト川中流域や、ブエナベントゥラ港のそばの金鉱脈に宣教師たちが派遣され、集約村が形成された。宣教師が金の採掘も進め、黒人奴隷を連れていた事例もあり、ときに先住民も協力した［Williams 2005:71-116; Vargas 1998: 297］。

しかしそれも、叛乱を生んだ。一六八四年、アトラト川の支流にある集約村で始まった叛乱は、いくつかの金採掘場も含めチョコ地方の統治地域に広がった。この叛乱は、今日のエンベラによるものだった。結局、一一二人のスペイン人が殺されたという記録がある。植民地政府も軍隊を送り、鎮圧を目指した。今日ウォウナンと呼ばれるようになった先住民が、一定期間の賦役の免除等と引き換えに政府側につくこともあった。先住民は数百人捕らえられたが、姿をくらました指導者もおり、一六八七年まで攻撃は続き［Williams 2005: 128］、多くのエンベラがアトラト川中・下流域やバウド川にも逃亡した［Vargas 1998: 300］。

歴史家のウィリアムスによれば、この叛乱の明確な理由をスペイン人の残す資料から見つけることは難しい［Williams 2005:143］。特定の出来事に起因するものではなかったようだが、叛乱に先立つ一六七九年から八〇年にかけて、集約村で被る扱いについて、アンティオキアの地方政府に不満を訴えるエンベラたちがいた［Williams 2005: 130-138］。フランシスコ会の集約村における体罰や、先住民がつくる食糧の過度な徴収などが不満を呼んだのだった［Cantor 2000: 12］。この叛乱は、最終的には、先住民に厳罰を下すよりも投降者の解放によって平定された。その過程で、今度はポパヤンの地方政府がチョコ地方に対する介入を強め、一八世紀の金鉱開発を導いた。ポパヤンには別地域で金鉱開発を進めていた奴隷所有者たちがおり、彼らがチョコでの金鉱開発の出資者となった。

奴隷人口のいる空間となった一八世紀のチョコの記述を

進めるまえに、指摘しておくことがある。世界史的動向と結びついた、アトラト川下流域の状況である。カリブ海沿のその一帯は、今日はパナマ領サンブラス諸島に多くが暮らす、先住民のグナの居住地域だった。植民地期を通して、グナは抵抗をやめない先住民として知られ、一七世紀なかばから末にはイギリスやフランスの海賊らと交易を介した関係を持ち、植民地政府への抵抗を強めていた［Martínez Mauri 2011: 47-50］。アトラト川は、スペインからすれば植民地経営を脅かしかねない不法交易がなされる場となっており、王室は一六九八年に交易のための利用を禁止し、違反者には死刑という重罰を科した［Hernández Ospina 2006: 24］。一八世紀のチョコ地方は、グナたちによって脅かされる、スペインの新大陸統治圏域のへりだった［Cantor 2000: 82-84］。グナはエンベラと敵対関係にあり、一七〇二年にイギリスとグナがアトラト川に侵攻すると、スペイン人はエンベラと軍事的に同盟し侵攻を防いだ［Cantor 2000:76-80］。

六　だれが奴隷を食べさせるのか

一八世紀、ポパヤンなど都市に暮らす奴隷主たちが金採掘の権利を入手し、黒人奴隷の一団を派遣し金鉱開発を進めると、チョコ地方はヌエバ・グラナダでも有数の金の産出量を誇るようになった［Sharp 1976: 22］。一七〇四年には六〇〇人ほどであった黒人奴隷は、一七八二年には七〇八八人に上った［Sharp 1976: 22］。利益効率のためには金の採掘に専念させるほうがよく、奴隷たちは当初食糧生産にはかかわらなかった［Jiménez 2004:11-12; Cantor 2000: 96］。このいびつな経済体制の維持には平定された先住民が不可欠だった。急激に増える労働人口を支える食糧生産、カヌーによるその運搬、交易のためのカヌー生産、金鉱の小屋建設など、奴隷制のためのインフラ整備と運営の労働力が、彼らに求められたのである。

そうした奴隷制を支える労働力の供給を容易にしたのが、一七世紀末の先住民蜂起以降の、ポパヤンの地方政府の介入による行政体制の変化である。蜂起後、チョコ地方の公職（ゴベルナドールやコレヒドール）は購入可能なものとなった。コレヒドールは、彼が司法権を持つエンベラを労働力として使い、投資を回収した。便宜のために、コレヒドールらがゴベルナドールにわいろを渡すこともあった。ゴベルナドールには、金鉱からの税を徴収するほか、交易の権利を与える資格もあった［Williams 2005:159-166; Cantor 60-64］。

コレヒドールが管轄する先住民は、奴隷労働者の消費する「トウモロコシやプラタノ、魚、燻製肉」を生産し、カヌーでそれらを運搬する労務を負った。そのために、自分たちの生活圏から離れた農園での労働を強いられ、集約村への移住が課された［Cantor 2000: 114］。エンベラたちは、奴隷を養わねばならないスペイン人たちに従属させられたのである。その新しい社会状況は大きな負担となった。カントールによれば、アトラト川中流域にある「パパランドーのコレヒドールにして金鉱主であるアントニオ・デ・ロスサントスは、インディオたちを一年のうち十カ月、彼個人の商売のために働かせており、それゆえにインディオたちは自らのことを『奴隷たちの奴隷』である、と感じるほどであった」［Cantor 2000:125］。

しかし、一八世紀のチョコ地方を特徴づける黒人奴隷制の導入は、その地域全体を植民地政府の統治の行き届いた空間に変えることはなかった。歴史学者のヒメネスによれば、一八世紀のチョコは大きく三つの地域に分けられる。ひとつはノビタ地区と呼ばれていたサンフアン川流域で、金の鉱脈が多くあった。ヒメネスはそれを「金のくに」と呼んだ。もうひとつは、アトラト川流域のシタラ地区で、「農業のくに」であった。先住民による食糧生産が主要であったということだ。最後のひとつはバウド川流域を中心にする太平洋岸地域で「逃亡者のくに」である。統治が及ばないので一七三〇年にはチョコ県の知事によって治安の懸念される場となっていたバウドは、シマロンとなったエンベラとアフリカ系の人びとが、金鉱−食糧経済体制の外で出会う場所だった［Jiménez 2004: 1-55］。もっとも、カントールが示すようにアトラト川上流右岸などにも金鉱は多数存在していたし［Cantor 2000: 42］、エンベラの逃亡者たちは、バウド川以外にも、アトラト川下流や西部山脈の反対側にも向かったことを踏まえれば、その三つの区分を厳密な地理区分ととらえることはできない。それでもその分析枠組みは、一八世紀のチョコの植民地的状況において、金鉱開発経済と黒人奴隷制、それを支える食糧経済と先住民徴用制という二つの政治経済体制に加え、それらの政治経済体制からも逃走した者たちの存在の重要性を示していよう。

七　逃走と食

逃亡者すなわちシマロンになることは一八世紀チョコの先住民のあいだで広く見られた［Cantor 2000: 129-137; Williams 2005: 191-195］。たとえば、アトラト川中流域の右岸にあるムリー川には、集落村がつくられた。そこには、アトラト川上流のキブドから逃亡する家族も加わった。一方で、新しく創設されたムリーの周辺には、集約村に合流しないままのエンベラも多くいた［Cantor 2000: 132-133; Williams 195-202］。「月日が流れても、日常的な不遇と過剰労働は続いた。数々の愚弄に疲弊し、ムリーにいた家族たちは先住民の指導者であるグレゴリオ・ソガランピに導かれて、一七四〇年にヒグアミアンド川の方へと逃亡した」[Cantor 2000: 133]。逃亡は、この例に限られない。なかには、カリブ海域の世界情勢が変動してゆくなかで、大きな意味をもったケースもあった。一七五二年、ムリー川周辺でシマロン化していたエンベラが、グナと同盟を組むために逃走したという情報を植民地政府は確認した。この同盟が、イギリスも巻き込んでチョコ地方に侵入するかもしれない、という懸念が生じた。結局、蜂起のような事態には至らなかったが、一七八八年にも、キブドからアフリカ系の人びととエンベラがやはりグナを探して逃亡したと役人のあいだで伝えられていた記録が残っている[Cantor 2000: 133-135]。

しかしエンベラの場合、逃走の主な理由は叛乱にはなかった。事実、一七世紀末のような大規模な叛乱はその後起きていない。むしろ新たな統治体制がつくる日常への不満が逃走を招いたようだ。たとえば、集約村の土地の質が低く、食糧の面でも苦しい状況を生きさせられる人びともいた。コレヒドールによる過剰な賦役＝食糧の徴収や過剰労働によって、自家消費用の農業が妨げられていた人びともいた。苦境を逃れ、より良い環境を求めるという面が、逃走にはあった[Cantor 2000: 131-132, 136-137; Williams 2005: 195-202]。主人に逆らいより良く食べられる環境に自らを導くことは、ブタのシマロン的逃走と重なる。

では奴隷制があった一八世紀チョコ地方の豚肉食は、いかなるものだったのだろうか。奴隷人口の食事からわかることがいくつかある。「トウモロコシ、プラタノ、燻製肉」が毎日割り当てられるほか、「一～二週間ごとに、牛肉や豚肉が労働者一団にわずかだが配給されていた。労働力の再生産のためである。「飢えた黒人は働かないし、満腹であれば屈しない」という考えのもと、その食事は巧みに調整されていた[Jimenez 2004; Pelarta Agudelo 2009]。

ペラルタによれば、農作物は「先住民がコレヒドールに渡した」ものによって、肉は「同じ奴隷主がアンデスに所有する農園から」持ってくるか、あるいは「パナマやカルタヘナから輸入された」ものによって賄われた[Pelarta Agudelo 2009: 184-185]。

しかし、陸上交通の整備は不十分でアトラト川も交易不可能であるため、肉は不足がちだった。それを補うために、奴隷自身が狩猟をするようになった[Jiménez 2004: 96-99; Pelarta Agudelo 2009: 186]。それ以外の供給網もあった。たとえば、金鉱のそばで小規模にウシを飼う奴隷主も増えていたし[Cantor 2000: 44]、「干し肉、ブタ、ラード」も陸路交易でもたらされた[Jiménez 2000: 167]。とくに「カリなどから大きな群れで持ち込まれたブタの肉は、燻製肉として知られていた牛肉に代替する」ようになった[Jiménez 2000: 170]。つまりブタそのものが持ち込まれていたのである。ヒメネスによれば、「一八世紀のあいだ、森の肉のほかに、ブタは奴隷のすぐれたタンパク栄養源」だった [Jiménez 2004: 100]。奴隷制が広がるなか、豚肉食は一八世紀にはチョコ地方に確実に普及していた。エンベラのブタ飼育について正確なことはわからないが、小規模で家畜を育てていたようだ。さらにカントールが逃亡を論じる際に参照した史料からは、その家畜にブタが含まれることがうかがえる。

> 逃亡する前に、〔インディオたちは〕ニワトリとブタを、村の隣人三組に売った。インディオたちは、雄鶏も含めてすべてを売った。「最初に売ったのは雄鶏で、それはその鳴き声が響かないようにするためだった」と、ゴベルナドール代理は記す。[Cantor 2000: 134]

またヒメネスは、エンベラたちとアフリカ系住民が暮らす「逃亡者の土地」であるバウドでの異文化接触を次のように記している。

> 先住民たちは黒人たち（中略）にとってよそ者ではなかった。なぜなら、同じ人たちに対して数年前には、カヌーを制作し、トウモロコシを売り、海の魚を調達し、家や小屋を建ててやったからである。黒人もまた、インディオの男にとってよそ者ではなかった。インディオにブタを消費することを教えていたのは、毒蛇の咬み傷を、金鉱の重労働や、森の劣悪な気候条件によって引きこされる、ヘルニアや熱を治療する植物の知識を彼らと共有してきたのは、黒人だったからである [2]。[Jiménez 2004: 54]

これらから示されるのは、奴隷制度とともに形成された多民族状況のなかで、エンベラはすでにブタ飼育を実践するようになっていた、ということである。さらにヒメネスによれば、その時期のアフリカ系の人びとのブタ飼育方法は、今日のチョコ地方のアフリカ系コロンビア人によるものとのあいだに「ほとんど違いはない」。それは、「詮索好きなブタが、（中略）あちこちを掘り返し、放し飼いにされて、隣人に多大な迷惑をかける」というものである [Jiménez 2000: 171]。この記述は、今日のパナマのエンベラによる放し飼いを伴うブタ飼育を思わせる。自らを養う能力をもちシマロン的逃走をできるブタだからこそ、シマロン的逃亡者たちを含む、多様な暮らしに定着したのだろう。言語学者のパラド・ロハスによれば、パナマ領にいるエンベラは、アトラト川左岸や、バウド川から移住してきたと推測できるが、後者にはアトラト川上流からの移住者／逃亡者も多数含まれている [Pardo Rojas 1987]。

一八世紀の植民地的状況は、奴隷制のある統治体制とそれからの逃亡をエンベラに経験させるものだった。植民地

期における逃亡に開かれた主人と従者の関係は、その時以来のブタを放し飼いにするという飼育方法にも重なるものだが、今日のエンベラのブタに対する視点は、この植民地的権力関係を折りたたみながら、形成されているのだろう。

八　結びにかえて

自らを養うブタの力能について、ヌエバ・グラナダ領を離れたメキシコやペルーの史料を基に、サルダリアガは次のように記す。「征服期において、ブタはインディオにとって『まさしくキリスト教徒の闖入《ちんにゅう》による爆発的衝撃を動物的に体現』していた。なぜなら、その予期せぬ攻撃に対する可能な予防策などないかのように、彼らの作物を破壊していたからである」[Saldarriaga 2006: 25]。しかしここまで見てきたように、ブタは養われる存在として、統治者のそばにいただけではない。食べる主体としてのブタは、もっと多様な人びとのそばにいた[3]。シマロンとなるブタは、「キリスト教徒」から逃れる人たちのそばにもいた。最後の近接性において、主人に逆らいより良い環境へと自らを導くという述部が、人とブタに分有されている。その従者の性質が、今日のエンベラのブタ飼育やチマロン言説に残存する。

「ブタ飼育」をもって肉食を説明するエンベラにとって、肉食は、動物が食べられるものとして存在しているだけでは不可能である。むしろ肉食は、次の逆説によって条件づけられている。動物は、食べる主体でもある限りにおいて食べられるものとなる。ブタが食べる主体である世界をエンベラに経験させるその視点は、単線的な支配や従属に収まらない反奴隷的関係を含んだ、植民地的状況の歴史経験とともにかたちづくられてきたのだろう。

註

1　一五五〇年にサンタフェ・デ・ボゴタに創設されたアウディエンシア（Audiencia、聴訴院）に属する南米北部地域。おもに今日のパナマ、コロンビア、ベネズエラに相当する。アウディエンシアとは新大陸に設立された王室機関で、司法、行政機能を有していた。ボゴタのアウディエンシアはペルーの副王領に従属する立場にあった。その後、ブルボン朝改革によって一七一九年にヌエバ・グラナダ副王領となる。以下では、この二つの行政体に明確な区分を設けず地理的区分としてヌエバ・グラナダということばを用いる。

2　アトラト川ではアフリカ系住民とエンベラの関係性には幅があり、シマロンとなった先住民による黒人奴隷の殺害や、解放奴隷による先住民差別もあった［Cantor 2000: 181-184］。

3　ブタを放して食糧を探させる飼育方法は、チョコに隣接するカウカ地方――やはり金鉱が多く、黒人奴隷が多く投入された――でも採用されていた。「ブタは開かれた場所で大きな群れで育てられ、カウカの沃野を、ブリリコの樹になる実で自らの腹を満たすために、自分を導いていた。（中略）ブタの飼育はもっとも普及していた。というのも、貧しい農民やムラート、解放奴隷にも手が届いたからである」[Patiño Ossa 2007: 32]。

参考文献

Anderson, David et al. "Architectures of domestication: on emplacing human-animal relations in the North, "*Journal of Royal Anthropological Institute,* 2017, 23(2): 398-416.

Cantor, Erik *Ni Aniqulilados, Ni vencidos: Los Emberá y la gente negra del Atrato bajo el dominio español. Siglo XVIII*, Instituto Colombiano de Antropología e Historia, 2000.

Castro, Rudencindo, Carlos Andrés Meza *Calle Caliente: Memorias de un cimarrón contemporáneo.* Instituto Colombiano de Antropología e Historia, 2017.

Derby, Lauren "Bringing the Animals Back in: Writing Quadrupeds into the Environmental History of Latin America and the Caribbean". *History Compass,* 2011, 9(8): 602-621.

Fausto, Carlos "Dono demais. Maestria e domínio na Amazônia" *Mana,* 2008, 14(2) : 329-366.

Hernández Ospina, Mónica Patricia "Formas de territorialidade española en Gobernación del Chocó durante el siglo XVIII". *Historia Crítica,* 2006, 32: 12-37.

Jiménez, Orián "La conquista del Estómago: Viandas, vituallas y ración negra siglo XVII y XVIII". *Geografía Humana De Colombia: Tomo VI Los Afrocolombianos.* Instituto Colombiano de Antropología e Historia, 2000, pp.219-240.

———*El Chocó: Um paráiso del demonio. Nóvita, Citará, y el Baudó siglo XVIII.* Editorial Universidad de Antioquia, 2004.

Navarrete, María Cristina "Palenques: comarones y castas en el Caribe colombiano, sus relaciones sociales (sigo XVII) ". *Palenques(colombia): Oralidadm identidad y resistencia.* Universidad de Javeriana, 2011, pp. 257-283.

Patiño Ossa, Germán *Fogón de negros. Cocina y cultura en una región latinoamericana.* Convenio Andrés Bello, 2007.

Pardo Rojas, Mauricio"Regionalización de indígenas chocó. Datos etnohistóricos, lingüísticos y sentaientos actuales". *Boletín Museo del Oro,* 1987, 18: 46-63.

Peralta Audelo, Jaime Andrés. "Comida de negros: medio ambiente y cultura en el Chocó colonial". *Ecosistema y Cultura* Universidad de Antioquia, 2009, pp.15-46.

Rio Moreno, "El cerdo: Historia de un elemento esencial de la cultura castellana en la conquista y colonización de América (siglo XVI). *Anuario de Estudios Americanos,* 1996, 53(1) 13-35.

Saldarriaga, Gregorio "Consumo de carnes en zonas cálidas del Nuevo Reino de Granada. Cualidades Cambiantes Siglo XVI y XVII". *Fornteras de la historia,* 2006, 11: 21-56.

———*Alimentación e identidades en el Nuevo Reino de Granada siglos XVI y XVII.* Editorial Universidad de Rosalio, 2011.

Sharp, William Frederick *Slavery on the Spanish Frontier: The Colombian Chocó 1680-1810.* University of Oklahoma Press, 1987.

Vargas Sarmiento, Patricia 1998 "Los embera, los waunana y los cuna: Cinco siglos de transformaciones territoriales en la región del Chocó". *Colombia*

Pacífico, Leyva Franco, 1998, pp.292-309.
Williams, Caroline, A. *Between Resistance and Adaptation: Indigenous Peoples and the Colonisation of the Chocó, 1510-1753*. Liverpool University Press, 2005.
コーン、エドゥアルド『森は考える――人間的なるものを超えた人類学』（奥野克巳・近藤宏（監訳）、近藤祉秋・二文字屋脩（訳）、亜紀書房、二〇一六年）
小岸昭『スペインを追われたユダヤ人――マラーノの足跡を訪ねて』（ちくま学芸文庫、一九九六年）

肉と口と狩りのビッグヒストリー ——その起源から終焉まで

辻村伸雄

ビッグヒストリーは「現代の創造神話」である。われわれはどこから来て、一体何者で、そしてどこへ行くのか——かつてはこうしたことを神話が教えてくれた。全体像を把握するための物語があった。しかし、現代は学問があまりに細分化されており、それらの知見をよりあわせた全体像をつかむことは誰にとっても容易ではない。そこで宇宙が始まってから現在まで人間の知りうる歴史のすべてを総合し、未来を展望できるような全体の物語を、現代科学にもとづき再構築しようというのがビッグヒストリーの基本コンセプトである。いわば神話の現代科学版だ[1]。

歴史家のデイヴィッド・クリスチャンは、ビッグヒストリーについての初の自著に『時間の地図帳』（*Maps of Time*）という題をつけている。私たちが世界地図や日本地図、電車の路線図、市街地図、ビルのフロア案内と、必要に応じて様々な縮尺の地図を用いるように、ビッグヒストリーもまた必要に応じてあらゆる時間の縮尺を用いる。それは一つのテーマを色々な時間の縮尺から眺め、そうすることで得られる様々な見取り図（時間の地図）を総合する。この意味で、ビッグヒストリーはあらゆる時間の縮尺からなる「時間の地図帳」でもある[2]。

本稿ではこうしたビッグヒストリーの手法を肉食と狩猟に応用し、地球史と生命史（億年単位）、人類史（万年単位）、未来（百年〜億年単位）の三つの時間の縮尺を組み合わせて、肉と口と狩りの起源から終焉までを一望したい。その意《こころ》は、肉食と狩猟という事象を根本的に考えるに当たって、億年単位、万年単位、百年単位の異なる複数の時間尺と眺望を提供することにある。複数の時間の縮尺から対象をとらえ直す「時間の地図帳」というビッグヒストリーの手法は、マルチスピーシーズ的考察の手助けとなるであろう。

一　地球史と生命史から考える（億年単位）

地球全史のなかの生命全史と真核生物全史

そもそも地球に肉が存在できる期間は限られている。そのことは、地球の歴史全体のなかに生命の全歴史と真核生物の全歴史を位置づけることで見えてくる（図参照）。

地球はおよそ四五億五〇〇〇万年前に誕生した。その後、およそ四〇億年前に生命が誕生し、およそ一九億年前に真核生物が誕生する。最初の生物は原核生物といって細胞核がなかった。原核生物は今にいたるまですべてが単細胞生物だ。対して真核生物は細胞核をもっており、単細胞のものもいるが、動物や植物や菌類はみんな多細胞の真核生物である。およそ五億七〇〇〇万年前には筋肉をもつ動物が現れる。肉の歴史の始まりである。口を備えた動物が現れるのはおよそ五億三〇〇〇万年前のことだ。

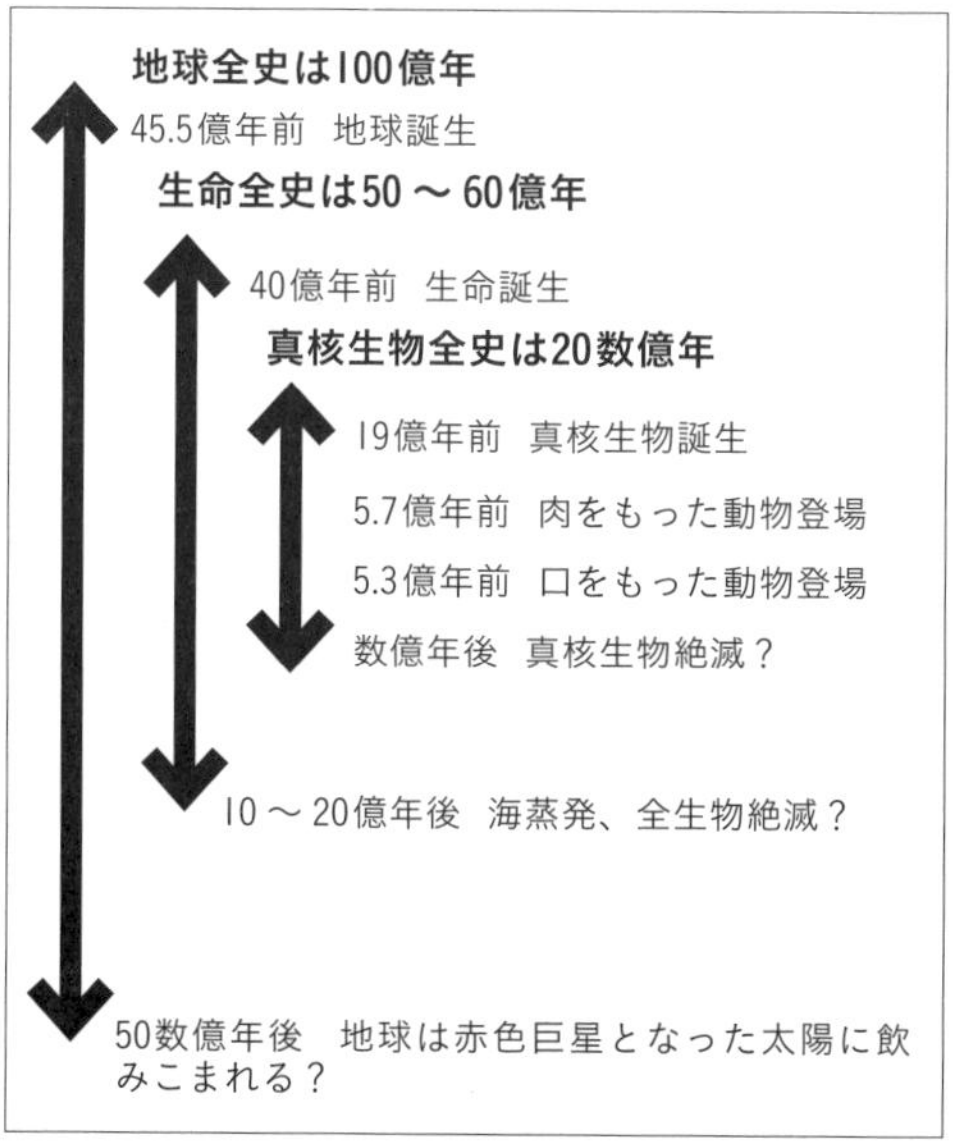

図：地球・生命・真核生物の全歴史（推定）の比較
主に更科 二〇一六ａ：四章、最終章；更科 二〇一六ｂ：二章、六章の記述を元に筆者が作成

未来については最後に述べるとして、ここで注目してもらいたいのは、生命の全歴史、すなわち生命が地球に存在できるのは地球の全歴史の半分ほどであり、真核生物の全歴史、すなわち細菌よりも大きくて複雑な生物が存在できるのは生命の全歴史のさらに半分ほどでしかないということである[3]。肉の歴史はさらにその半分にも満たないかもしれない。

生命史のなかの肉食と狩猟

以上を念頭において、まずは生命史における肉食と狩猟の始まりを見ていこう。

生命はおよそ四〇億年前に深海の熱水噴出孔のあたりで生まれたようだ[4]。初期の生物のうち、古細菌は深海の熱水噴出孔から出る硫黄を、真正細菌は海中のアミノ酸や糖などを取りこんで、化学合成を行うことで生きていた[5]。

ところがそのうち、自分で化学合成をするのではなく他の細菌を食べることで栄養をとる細菌が現れる。これが〝肉食と狩猟の起源〟である。とはいえ、当時の生物はすべてひとつの細胞からなる単細胞生物で、口もなければ肉もない。この最初の捕食者は自分の体（細胞）全体で他の細菌を丸ごと飲みこんだ。このようにある細胞が別の細胞を飲みこむことを食作用（phagocytosis）という[6]。

こうして飲みこまれる被食者のうちには、捕食者に飲みこまれても消化吸収されないための防御機構を発達させたものがいた。のちのミトコンドリアと葉緑体である。かくして一九億年ほど前に、体内にミトコンドリアや葉緑体を棲まわせた真核生物が現れる[7]。食作用、すなわち原初の肉食と狩猟は〝殺生〟だけでなく〝共生〟をももたらしたのである。

食作用はさらに、真核生物の多細胞化を引き起こす。細胞がひとつであるよりもたくさんあるほうが、食べられにくいからだ[8]。こうして真核生物が多細胞化した結果、動物、植物、菌類が生まれる[9]。これらの多細胞生物のなかの各細胞には役割分担があり、相互に依存し合っている。そのため一つ一つの細胞は単独では生きられない。したがって多細胞生物は共生を突き詰めたものと言える[10]。

次いで多細胞生物が有性生殖を行うようになると、個体の死が運命づけられる。元来アメーバのような単細胞生物には寿命がない。アメーバは二つに分裂することで子孫を残す。それらはひからびたり飢餓に陥ったりしない限り、いつまでも生きていることができる。ところが、多細胞生物の細胞は、子孫に受け継がれていく生殖細胞と一代限りで使い捨てる体細胞からなっている。生殖細胞が受け継がれる限り生物種は存続するものの、体細胞はいつか必ず死ななければならない[11]。このことがのちに、人間が死や限られた生について思い悩むことや、他の生命を奪うことに罪の意識を覚えることにつながっていく。多細胞生物は〝共生を大規模化〟するとともに〝個体の死を必然化〟したのである。

多細胞生物の進化は、エディアカラ紀（六億三五〇〇万～五億四一〇〇万年前ごろ）においてアヴァロン爆発（五億七五〇〇万～六五〇〇万年前ごろ）と呼ばれる生物の多様化を現出させる。この時代に初めて生物は肉眼で見えるほどの大きさとなり、キンベレラのような筋肉を用いて海底の軟泥を這いまわる軟体動物や節足動物、シクロメデューサのような刺胞動物が出現した[12]。〝肉の出現〟である。

化石として残っている〝最古の肉食と狩猟の痕跡〟もエディアカラ紀末のものだ。クラウディナと呼ばれる紙コップを重ねたような形の海底動物は、大きいものだと直径が六ミリメートル、長さが五センチメートルほどである。その紙コップ状の殻に人間の毛髪程度の直径の穴が開いており、これが何者かが殻のなかの肉を捕食した跡だというのだ。クラウディナを捕食した肉食動物がどんな生物だったかは今もわかっていない[13]。

続くカンブリア紀（五億四一〇〇万～四億八五〇〇万年前ごろ）はカンブリア爆発（五億二九〇〇万～一四〇〇万年前ごろ）と呼ばれるさらなる生物の多様化を招来する。この時代以降、生物の化石が急増するが、それは化石として残りやすい骨や殻を備えた生物が多数現れたためだ。骨や殻の普及、目の登場や〝口の出現〟、さらなる体の大型化は、この時代に食い食われる軍拡競争が激化したことを物語っている[14]。

特定されている〝最古の肉食動物〟が現れたのもこの時代だ。オットイアなど鰓曳《えらひき》動物と呼ばれる管状の生物群である。オットイアの化石には既に口から消化管を経て肛門にいたる「一本の管」という体の基本形が認められる[15]。カンブリア紀は、動物が他の動物を襲い、その肉を口で食らうという〝本格的な肉食と狩猟が始まった〟時代であった。

このように、広い意味での肉食と狩猟は海に単細胞生物しかいなかったころに始まり、肉の出現、口の出現を経てカンブリア紀に本格化した。肉食と狩猟は殺や死と引き換えの生のみをもたらしたのではない。それは共生を生み、それを大規模化させるとともに、個体の死を前提とした種の存続と進化を標準化した。生命の歴史において、肉食と狩猟は常に生と死を交錯させながら展開してきたのだ。これは人間の歴史だけを見ていても見えてこないことである。

二　人類史から考える（万年単位）

人類史のなかの肉食と狩猟

次に、人類史において肉食と狩猟がどのようにして始まったのかを見ていこう。

チンパンジーと人類（ヒト族）はおよそ七〇〇万年前に分岐した。最初期の人類（猿人）は果物、種、木の実、花、草、葉、樹皮、虫を採集して食べていたようだ。彼らは大きな盲腸を備えていた。これは果物と葉を食べる動物の特徴であり、多量の肉を消化するのには向いていない。だが人類は、脂肪が豊富で繊維質の少ない種と木の実を何百万年にもわたって食べ続けたおかげで、脂質を消化する小腸が大きくなり、繊維を消化する盲腸が小さくなった。このことが肉を食べる準備を整えたと考えられる[16]。

さらに寒冷化と乾燥化によってそれまで過ごしていた熱帯雨林が縮小し、木もまばらになり、食べ物が少なくなったことが、人類のサバンナへの進出を促した少なくとも一つの要因だったのだろう[17]。ところが、人類はライオンや虎がひしめくサバンナでなんの武器ももっていなかった。ほぼ丸腰で数百万年ものあいだ生き延びねばならなかったのである[18]。

人類にはライオンのような口で獲物をしとめるための強力な顎も、側頭筋も、裂肉歯もなかった。よしんばサバンナで手つかずのシマウマを手に入れたとしても、人類の祖先の歯ではシマウマの分厚い皮膚を噛みちぎることはできなかっただろう。人類はハゲワシなどの肉食獣が皮膚を裂き、肉を露わにしてくれるのを待たねばならなかった。跡に残された屍肉は時間が経てば腐り、皮膚も破れやすくなる。それでも、人類の尖っていない歯では、腐肉を飲みこめるサイズにまで噛み砕くのも一苦労だったと思われる[19]。

このような条件下で人類がとった生存戦略は、ライオンなどが獲物をしとめた後、集団で忍び寄り、大きなアフロヘアに肉食獣の毛皮をまとい体に色を塗るという異様な出で立ちで、大声で歌い叫び、石を打ち鳴らし、地面を踏み鳴らして、ライオンを追い払い、屍肉を横取りすることであったと民族音楽学者のジョーゼフ・ジョルダーニアは考えている[20]。

この説の当否はどうあれ、人類の体が他の動物を狩るのにも、その肉を食いちぎるのにも適していなかったことを考えると、人類史においては狩猟よりも先に屍肉漁りという形で肉食が始まったと考えるのが自然である。人類の〝肉食の起源〟はおそらく屍肉漁りであった。

現存する〝最古の肉食の痕跡〟は、エチオピアのディキカで見つかっている。動物の骨に石器によって刻まれたと思しき痕と骨髄を取り出すために叩かれた痕が残っていたのだ。これは約三四〇万年前にアウストラロピテクス・アファレンシスによって残されたものだと考えられている[21]。現存の〝最古の石器〟は、ケニアのロメクウィで見つかった約三三〇万年前のもので、これは石器の使用がヒト属（ホモ属）が登場する前から始まっていたことを示している[22]。

ともあれ肉食はおよそ二〇〇万年前までには人類のあいだで定着していたようだ。初めは他の肉食獣が狩った獲物を横取りするだけだった人類も、約一八〇万年前には小さなガゼルを上手に狩れるようになっていた[23]。したがって人類史における〝狩猟の起源〟は、人類がそこまで狩りに習熟する前の時期に求めるのが自然だろう。とはいえ、石を先にくくりつけた木の槍が登場するのが約五〇万年前であることから考えると、それまでは尖った木の枝くらいのもので狩りをしていたのかもしれない[24]。この時期をはさむ約八〇万年前から約四〇万年前にかけて人類は火を使いこなす術を覚えた[25]。確認されている最古の人間（ホモ・サピエンス）の化石は三一万年ほど前のものである[26]。

以上を通観すると、人類が命をつなぐための採食

（foraging）パターンは、①採集→②採集と屍肉漁り→③採集と狩猟というふうに移り変わってきたことがわかる[27]。

それではこのような肉食と狩猟の来歴は、人類に一体どのような影響を及ぼしたのだろうか。

第一にジョルダーニアによれば、ライオンなどの肉食獣から屍肉を脅し取るための集団威嚇は集団歌唱、音楽、踊りの起源となった。相手に恐怖感を与えるための異様な出で立ちや強い体臭はファッションや衣服の起源であり、その際、体に彩色したことがのちの絵画につながっていった。集団で変装してトランス状態に入り、生きるか死ぬかの一蓮托生の場面をくぐり抜けたことは、集団的アイデンティティや利他主義、儀礼や宗教の起源ともなった。またそうした非常事態において火事場の馬鹿力で石を打ち鳴らした結果、石が割れたり欠けたりしたことが、石器が生まれるきっかけとなる。やがて集団での交唱や応唱のなかである音程が特定の指示対象と結びつくようになると、しだいにそれが単語になっていった。つまり、屍肉漁りのための集団威嚇が、音楽、芸術、宗教から石器や言語にいたるまで、人類の基本的文化の根源にあるのである[28]。

第二によく言われることだが、肉を食べること、わけても火で調理した肉を食べることは、胃腸によって消化のために使われていたエネルギーを減らし、胃腸を短縮する代わりに脳を大型化していった。人類の脳は約二〇〇万年前から約一五〇万年前にかけて実に七割も大きくなったのである。ゴリラやチンパンジーは活動時間の半分以上を食べたり、消化したりするのに使っているが、人間は肉食と火の利用によってこうした時間を短縮し、代わりに社交の時間に当てることができた。脳のサイズと維持可能な集団サイズは比例しており、人間の脳は他の類人猿の三〜四倍大きい分、人づきあいにおいても他の類人猿の三〜四倍の規模（一六〇人程度）の集団を作ることができるようになった[29]。

第三に異なる地域に移住する際、生態系や気候が異なれば、そこに生育する植物の種類も異なっている。しかし、植物はどれが食べられて、どれが食べたら危険かを判別するための生態的知識を必要とする。それを学ぼうにも相応の時間がかかる。対して肉食の対象となる動物は地域が違っていても似通っており、この点で草食より気安かった。したがって肉食は移住の敷居を下げたと考えられる[30]。

第四に歴史家のカルロ・ギンズブルグは、猟師が獲物の残したわずかな痕跡からその移動経路を推測し、それを仲間の猟師たちに伝えたことが〝物語の起源〟であったと考えている[31]。ビッグヒストリーにとって重要と思われるのは、そうした狩猟民たちから「狩猟神話」が生まれたことである[32]。

情報の採集、消化、栽培、蓄積

しかし、物語の起源をもう一重深く掘り下げてみるならば、それは人類以前の生物たちが、食物だけでなく情報をも採集し、分析してきたことに端を発している。

哲学者のダニエル・デネットは「動物は草食動物や肉食動物であるだけではない。それらは心理学者ジョージ・ミラーの見事な造語によれば情報食生物（*informavores*）なのだ」と書いている[33]。クリスチャンは近著においてデネットのこの指摘を引いたうえで、「事実、あらゆる生物は情報食生物である」と主張している[34]。クリスチャンが言わんとするのは、あらゆる生物は生きるためにたえず体内の環境、体外の環境に異変がないかを監視し、重大な異変には対応しなければならないということである。あらゆる生物は情報を収集し、それを消化することで生きているのだ。

単細胞生物である大腸菌でさえ、細胞膜に埋めこまれた四つのセンサー分子を用いて周囲に起きている良いこと、悪いことを五〇種類も検知することができる。大腸菌はどの分子なら細胞膜を通してよいかを判断している。食べ物であれば内に入れるし、有毒なものであれば外に置いたままにしておく。周囲の情報から移動したほうが良いと判断すれば、六本の鞭毛をプロペラのように毎秒数百回回転させて動き出す。細胞膜のセンサーと鞭毛が連携するということは、センサーが情報を感知してそれを伝達し、鞭毛が動き出すまでの数秒間、大腸菌が情報を保持し続けているということを意味する。つまり、大腸菌は短期記憶をもっているのだ。そうした単細胞生物に始まる「情報収集分析システム」の行き着いた先が現代科学なのだとクリスチャンは考えるのである[35]。

人間は「他の生物種のように情報を採集する（gather）だけ」ではなく「農家が作物を育てるように育て、栽培する（*cultivate* and *domesticate*）」[36]。言い換えるなら、人間は情報を個々で集め消費するだけではなく、情報と経験を時間と空間、世代と地域を超えて共有し蓄積し、自家薬籠中のものとすることで発展させてきたのである。これをクリスチャンは「集合的学習」（collective learning）と呼んでいる。このことが狩猟採集の技術がほとんど変化しない他の生物種とそれを世代を経るごとに洗練させてきた人間との違いに表れている。そして、そうした集合的学習の有無が、人間と他の生物種を分けるのだというのがクリスチャンの年来の主張である[37]。

だが、霊長類学者の山極寿一によれば、チンパンジーやオランウータンの採食技術は後天的に学ぶものであり、地域ごとに異なっている。つまり、それらは単なる本能ではなく、世代を超えて継承された文化と見なせるのだ。例えば、チンパンジーやオランウータンは、タンザニアでは細長いつるでシロアリを釣る一方で、ナッツを石で割ることなく食べるのに対し、ギニアでは同じシロアリがいるのにめったに釣ることがなく、ナッツを石で割って食べるという文化や風習の違いが認められる[38]。集合的学習を行うのは人間だけではないのだ。

三　未来の可能性から考える（百年～億年単位）

岐路に立つ肉食

とはいえ、クリスチャンが言うように、核ミサイルを用いて数時間のうちに生物圏の多くを破壊するだけの力をもった生物種は、人間をおいて他にいないのも事実である[39]。だがそんな人間の文明のあり方が今、肉食を岐路に立たせている。

まず環境面からは、次のようなことが指摘されている。

第一に二〇五〇年に世界人口は約九三億人に達すると見られており、その全員がアメリカ風の肉中心の食事をしたいと望んだ場合、二〇一四年に生産された肉の約四・五倍もの量が必要となってしまう。

第二は肉食は効率が悪いということだ。わずか一キログラムの牛肉を育てるにも一三キログラムの穀物と一万四〇〇〇リットルの水が必要なのだ。

第三に人間が出す温暖化ガスのうち家畜由来のものは一四・五パーセントであり、これは車・船舶・飛行機などの全交通手段の排出量合計にほぼ等しい。牛のゲップによって排出されるメタンガスには二酸化炭素の二五倍の温室効果がある。したがって本気で温暖化を抑制したいのであれば肉の生産と消費を抑制せざるをえないだろう[40]。

次に倫理面では、大量の食肉を得るために家畜を劣悪かつ虐待的な飼育環境に閉じこめ、苦痛を与え、寿命よりはるかに早く命を奪ったり、動物を実験に用いることなどに対して非難と反対の声が上がっている。同時に、そうした倫理的理由から肉や動物性食品の摂取を控えたり拒否したりする人びとの存在感は、今後の人類の行く末を考えるうえで無視しえないものになっている[41]。

肉食の未来――四つの可能性

それでは肉食は今後どうなっていくのだろうか。さしあたって四つの可能性が考えられる。

（a）肉食の続行

一つ目は肉食のなんらかの形での続行である。しかしその場合、先にふれた倫理的な非難に応えられるだけの正当な理由が必要となるだろう。かつて狩猟神話は、自分たちの食べ物となる動物にはそれらを統《す》べる動物の主がおり、そうした主たちと一定の契約を結ぶことで、その動物たちが自分たちの命を自ら差し出すのだと説いたり、狩猟の前後にあれをしなければならない、これはしてはならないといった儀礼や禁忌を定めることによって、狩猟が単なる個人的殺害ではなく人間世界と動物世界のあいだの契約の履行であることを保証し、人びとが罪悪感なく必要な活動ができるよう手助けをした[42]。今後私たちは、これに相当するような肉食の正当化の論理を再び手にすることができるだろうか。

（b）肉食の代替

二つ目は肉の消費量を減らす、ベジタリアンになる、あるいはなんらかの代替食に移行するというものだ。この代替食には野菜から作る模造肉、実験室で肉の細胞を培養して作る培養肉、昆虫食、あるいはそれらを肉や他の食材に混ぜた加工品が含まれる[43]。科学ジャーナリストのマルタ・ザラスカが「到来しそうな未来は、ジャガイモやピザがそうだったように、肉の代替物がこっそりと入り込んでくるというものだろう」と予想するように[44]、肉の代替はオール・オア・ナッシング式の極端な形で進むというよりは、なじみの食べ物の一部にいつのまにか代替成分が混ぜられており、気がつかないうちにそれらになじんでいくというソフトな形で進行していくのだろう。

（c）食の終焉

三つ目はロシアのコスミズムの思想家たち（主に一八五〇年代～一九三〇年代）が主張したことで、人間が食事せずとも生きていけるよう、人間を植物のように光合成をする独立栄養生物に作り変えるというものである[45]。しかし、これは技術的にも倫理的にもすぐには実現されえない。さしあたって今後百年間は（a）と（b）がないまぜになりながら同時進行していくことであろう。（c）の実現可能性を考えるには、少なくとも数百年という時間を射程に入れる必要があるのではないだろうか。

（d）肉の消滅

最後に、いずれにせよ地球上で肉を味わえる期間は限られている。今後太陽が熱くなるにしたがって地球は暑くなり、今から一〇～二〇億年後には海を含む地表のすべての水が蒸発し、すべての生物が絶滅するであろうと考えられている。この過程で、肉と口を備えた真核生物は数億年後にはいなくなっているおそれがある。〝肉の消滅〟である。さらに今から五〇数億年後には赤色巨星となった太陽が地球を飲みこんでしまうのではないかとも言われている[46]。果たして人間は肉の消滅を待たずに地球から消え去るのだろうか。それともなんらかの変革を成し遂げ、地球から脱出して宇宙のどこかで生き延びるのだろうか。未来の宇宙船のなかにあるのはノアの方舟よろしく家畜なのか、培養された肉なのか、それともそこにいるのは肉も食事もいらない新人類なのだろうか。

いずれの可能性を強調するにせよ、人間が他の生物種や自らの環境との関係性を見直し、編み直す限り、そこでは世界が再び神話化される。自分と世界とを関係づけ、語ること、表現すること、存在と存在の編み目を編むことは、そのまま神話という行為の再演だからである。私たちがかつての祖先たちのように首尾良く神話化を成し遂げられるという保証はない。それでも、事態は新たな神話へ向けて動き出している。この〈世界観と関係性の大いなる再編〉が、一方でビッグヒストリーの思潮を高め、他方でマルチスピーシーズ民族誌を生みなしながら、私たちを巻きこみ、同好の士を際会させ、筆者をして肉食と狩猟を一考せしめたのである。

註

1 Christian 1991: 227; Christian 2004: Introduction.

2 Christian 2004: 3, 11.

3 更科二〇一六a：4章、11章、12章、最終章；更科二〇一六b：2章、6章；Harvey 2016: 128–9 ＝二〇一七：一二八－九；Hazen 2012: Chap. 11 ＝二〇一四：十一章。

4 更科二〇一六a：九〇，Alvarez 2017: 118–121 ＝二〇一八：一二一－一二七；Harvey 2016: 106–107 ＝二〇一七：一〇六－一〇七。

5 Christian, Brown and Benjamin 2014: 69 ＝二〇一六：七九。

6 Christian 2018: 114; Zaraska 2016: loc. 212–236 ＝二〇一七：一八－二〇。食作用が始まった時期について、科学ジャーナリストのマルタ・ザラスカは約一五億年前としているが、ビッグヒストリアンのデイヴィッド・クリスチャンは生命史のかなり早い段階から始まったと書いており、時期は明記しないものの、その書きぶりから少なくとも彼が酸素非発生型の光合成が始まったと考えている約三五億年前よりも前に始まったと考えているようだ。どちらにしても直接的な証拠はないわけだが、この後述べるように原核生物の食作用が真核生物を生んだとすると、食作用は真核生物が現れたとされる約一八～一九億年前（Christian 2018: 121; 更科二〇一六a：一二三－一二四）より前に始まったのでなければ辻褄が合わない。よってここではザラスカのいう一五億年前という時期は採用しない。

7 Zaraska 2016: loc. 238 ＝二〇一七：二〇。

8 Zaraska 2016: loc. 243＝二〇一七：二〇－二一。

9 更科二〇一六b：一七－一九。

10 Christian 2018: 128.

11 Christian, Brown and Benjamin 2014: 69, 71 ＝二〇一六：七九、八一；更科二〇一六a：一三五－一三六；更科二〇一六b：二一－二四。

12 更科二〇一六b：四、二五－四三；Harvey 2016: 128–129 ＝二〇一七：一二八－一二九；Christian, Brown and Benjamin 2014: 72

＝二〇一六：八二。

13 Zaraska 2016: loc. 249–270 ＝二〇一七：二一－二二；更科 2016b: 40–41.

14 更科二〇一六a：一六九；更科二〇一六b：四－六章；Alvarez 2017: 126 ＝二〇一八：二三五－二三六；Zaraska 2016: loc. 289–292 ＝二〇一七：二四－二五。

15 Zaraska 2016: loc. 272 ＝二〇一七：二三；更科二〇一六b：一三〇－一三二；布施二〇一七：三章。

16 Zaraska 2016: loc. 327–338 ＝二〇一七：二七－二八。

17 Zaraska 2016: loc. 346 ＝二〇一七：二八－二九；Christian, Brown and Benjamin 2014: 85–86 ＝二〇一六：九八－九九；Wragg-Sykes 2016: 186–187 ＝二〇一七：一八六－一八七。

18 辻村、片山二〇一七：一五一。

19 Zaraska 2016: loc. 424–457 ＝二〇一七：三五－三七。

20 辻村、片山二〇一七：一五〇－一五一；Jordania 2015: Chap. 3, Conclusions and Prospects ＝二〇一七：三章、まとめ。

21 Wragg-Sykes 2016: 206 ＝二〇一七：二〇六；McPherron et al. 2010.

22 Wragg-Sykes 2016: 206 ＝二〇一七：二〇六；Harmand et al. 2015.

23 Zaraska 2016: loc. 388, 461–462 ＝二〇一七：三二、三八。

24 Zaraska 2016: loc. 476–479 ＝二〇一七：三九；Wilkins et al. 2012.

25 Christian 2018: 168.

26 Hublin et al. 2017; Richter et al. 2017.

27 クリスチャン（Christian 2004: 524: note 19）は、狩猟が定着した③の時点において、肉の狩猟よりも植物性食物の採集のほうが日常的な栄養補給源としては重要であったことから、自分は一般的な狩猟採集民（hunters and gatherers）という語よりも採食民（foragers）という語を用いると述べている。実際、その後の彼の著作を見ても、狩猟採集民や狩猟採集という表現よりも採食民や採食という表現を彼が好んでいるのは明らかだろう。加えて、採食という語は人類の初期の生業である採集、屍肉漁り、狩猟、漁労のすべてをそのうちに含んでいる。したがって筆者は、農耕牧畜が始まる以前の人類史の最も長い時代を特徴づける語としては狩猟採集よりも採食のほうが適切であると考える。

28 辻村、片山二〇一七：一五〇－一五一；Jordania 2015: Chap. 3–4, Conclusions and Prospects ＝二〇一七：三－四章、まとめ。

29 しかし既に見たように、人類が意識的に火を用いるようになったのは比較的最近のことであり、火で調理した肉のみが脳の巨大化を招いたという説明は時期的に無理がある。そこでザラスカは、おそらく人間は肉に加えて蜂蜜と塊茎（ジャガイモ、ヤムイモ、キクイモなど）を食べることで、短時間で高いカロリーを得ることができたのではないかと考えている。Zaraska 2016: loc. 595–653 ＝二〇一七：四九－五四；山極二〇一二：二四〇－二四二。

30 Zaraska 2016: loc. 675–681 ＝二〇一七：五五－五六。

31 ギンズブルグ一九八八：一八九－一九〇。

32 Campbell with Moyers 1988: Chap. 3 ＝二〇一〇：三章。

33 Dennett 2013: loc. 1200 ＝二〇一六：一四二。原文と邦訳の双方を確認の上、筆者が訳し直した。

34 Christian 2018: 79.

35 Christian 2018: 79, 113–114.

36 Christian 2018: 171.

37 Christian 2018: 169–177; 辻村二〇〇七。

38 山極二〇一二：二二八。

39 Christian 2018: 170–171.

40 Zaraska 2016: loc. 3338–3372 ＝二〇一七：二七六－二七九；縣二〇一二：一〇二－一〇三。

41 田上二〇一七：一章、六章。

42 注32参照。

43 Zaraska 2016: loc. 3374–3503 ＝二〇一七：二七九–二八九。

44 Zaraska 2016: loc. 3641 ＝二〇一七：三〇〇。

45 セミョーノヴァ、ガーチェヴァ 一九九七：二四–二五、二五四–二五五、二七〇、三二五–三三一。

46 更科二〇一六ａ：最終章；Hazen 2012: Chap. 11 ＝二〇一四：十一章。

参考文献

縣秀彦監修『地球のトリセツ』（グラフィック社、二〇一二年）。

Alvarez, Walter. *A Most Improbable Journey* (New York; London: W.W. Norton & Company, 2017). アルバレス、ウォルター、山田美明訳『ありえない138億年史』（光文社、二〇一八年）。

Campbell, Joseph, with Bill Moyers. *The Power of Myth*, Kindle edition (New York: Anchor Books, 1988). キャンベル、ジョーゼフ、ビル・モイヤーズ、飛田茂雄訳『神話の力』（早川書房、二〇一〇年）。

Christian, David. The Case for 'Big History' (*Journal of World History* 2 (2), Fall 1991: 223–238).

——— *Maps of Time*, 1st edition (Berkeley: University of California Press, 2004).

——— *Origin Story* (London: Allen Lane, 2018).

Christian, David, Cynthia Stokes Brown, and Craig Benjamin. *Big History* (New York: McGraw Hill Education, 2014). クリスチャン、デヴィッド、シンシア・ストークス・ブラウン、クレイグ・ベンジャミン、長沼毅日本語版監修、石井克弥、竹田純子、中川泉訳『ビッグヒストリー』（明石書店、二〇一六年）。

Dennett, Daniel C. *Kinds of Minds*, Kindle edition (London: Weidenfeld & Nicolson, 2013). デネット、ダニエル・C、土屋俊訳『心はどこにあるのか』（筑摩書房、二〇一六年）。

布施英利『人体5億年の記憶』（海鳴社、二〇一七年）。

ギンズブルグ、カルロ、竹山博英訳「徴候」（『神話・寓意・徴候』せりか書房、一九八八年、一七七–二二六頁）。

Harmand, Sonia *et al.* 3.3-million-year-old stone tools from Lomekwi 3, West Turkana, Kenya (*Nature* 521, May 2015: 310–315).

Harvey, Derek. Life Emerges (Macquarie University Big History Institute, *Big History*, 1st American edition, New York: DK, 2016: 96–117). ハーヴェイ、デレク「生命の出現」（デイヴィッド・クリスチャン他監修、ビッグヒストリー・インスティテュート協力、オフィス宮崎訳『ビッグヒストリー大図鑑』河出書房新社、二〇一七年、九六–一一七頁）。

Hazen, Robert M. *The Story of Earth*, Kindle edition (New York: Viking, 2012). ヘイゼン、ロバート、円城寺守監訳、渡辺圭子訳『地球進化46億年の物語』（講談社、二〇一四年）。

Hublin, Jean-Jacques *et al.* New fossils from Jebel Irhoud, Morocco and the pan-African origin of Homo sapiens (*Nature* 546, June 2017: 289–292).

Jordania, Joseph. *Why Do People Sing?*, Kindle edition (Tbilisi: Logos, 2015). ジョルダーニア、ジョーゼフ、森田稔訳『人間はなぜ歌うのか?』（アルク出版、二〇一七年）。

McPherron, Shannon P. *et al.* Evidence for stone-tool-assisted consumption of animal tissues before 3.39 million years ago at Dikika, Ethiopia (*Nature* 466, August 2010: 857–860).

Richter, Daniel *et al.* The age of the hominin fossils from Jebel Irhoud, Morocco, and the origins of the Middle Stone Age (*Nature* 546, June 2017: 293–296).

更科功『宇宙からいかにヒトは生まれたか』（新潮社、二〇一六年ａ）。

――――『絵でわかるカンブリア爆発』（講談社、二〇一六年b）。

セミョーノヴァ、S・G、A・G・ガーチェヴァ編著、西中村浩訳『ロシアの宇宙精神』（せりか書房、一九九七年）。

辻村伸雄「大きな歴史――歴史研究のコスモナイゼーション」（『地球宇宙平和研究所所報』第2号、地球宇宙平和研究所、二〇〇七年一二月、九三―一二五頁）。

辻村伸雄、片山博文「歌う惑星――初音ミクのビッグ・ヒストリー的意味」（佐々木渉、しま監修『別冊 ele-king 初音ミク10周年』P-VINE、二〇一七年八月、一五〇―一五五頁）。

Wilkins, Jayne *et al.* Evidence for Early Hafted Hunting Technology(*Science* 338 (6109), November 2012: 942–946).

Wragg-Sykes, Rebecca. Humans Evolve (Macquarie University Big History Institute, *Big History*, 2016: 178–221). ラッグ＝サイクス、レベッカ「進化する人類」（クリスチャン他監修、前掲『ビッグヒストリー大図鑑』二〇一七年、一七八―二二一頁）。

山極寿一「ヒトはどのようにしてアフリカ大陸を出たのか?」（印東道子編『人類大移動』朝日新聞出版、二〇一二年、二一九―二四三頁）。

Zaraska, Marta. *Meathooked*, Kindle edition (New York: Basic Books, 2016). ザラスカ、マルタ、小野木明恵訳『人類はなぜ肉食をやめられないのか』（インターシフト、二〇一七年）。

特集2

フィールドから

愛しそして喰う——中国南部の犬肉食の民族誌

シンジルト

本論は、中国南部の犬肉食現象を取り上げ、そこでみられる人と犬の関係を、民族誌的に描こうとするものである。牧畜民の末裔となる筆者にとって、家畜の範疇から遠く離れた地平にある犬は、放牧の手伝いだけでなく主を守るまさに人間の友でもある。犬肉食は筆者にとって一種のタブーのようなものである。しかし、そのようなタブーを破ったのは、故郷から三〇〇〇キロも離れる南の国、広西チワン自治区であった。自らの犬肉食という経験を踏まえつつ、その犬肉食を提供してくれた人びとにとって犬を愛することと犬を食することがどのように一体となっているかを考えたい。

一　狗権か人権か

広西チワン族自治区（以下、広西）は歴史的に、ジェイムズ・C・スコットが「ゾミア」［スコット　二〇一三］と呼んだ地域にほぼ該当し、今日ここに中国最大の少数民族チワン族をはじめとする多くのシナ・チベット語族の人びとが暮らしており、自治区北部には少数民族が、南部には客家など漢族の人びとが多く分布する。

筆者がこれまで調査してきた新疆ウイグル自治区や青海チベット地域など内陸アジアに比べて、広西は食の禁忌が少ない。写真1は、広西南部の町、玉林市の青空市場で売られている様々な肉料理のための調味料である。右から順に、羊肉・豚肉・牛肉・猫肉・犬肉・蛇鶏猫スープを作るための調味料となる。どこからが家畜でどこからがペットなのか、その境界があいまいだが、諸々の動物の顔がここでイメージできる。

この地域の人びとがいろいろな動物を食べることはある程度知っていた。しかし、広西北部の凌雲県のあるホテルに泊まった時、朝食に犬肉スープが火鍋で出されたのには驚いた。その町では、ホテルだけではなく、庶民が朝食を

写真１　市で売られるさまざまな肉料理用の調味料

食べるため利用する普通の店でも料理のベースとして、犬骨のスープか豚骨のスープが選ばれるようになっている。

この地域だけではなく、広西の多くの地域において日常食として犬肉が食されている［1］。その中でも、玉林市（総人口は七二四万人であり、漢族が九九パーセントを占める）は、毎年夏至に開かれる犬肉を喰う祭りでその名を国内外に知られている。

毎年夏至に開かれる犬肉を喰う祭りは「ライチ狗肉節」とも呼ばれている。犬肉祭では一万匹もの犬が屠られ食されるという。犬肉祭は玉林市の代名詞となり、夏至に近づくと国の内外から多くの動物愛護団体や犬肉愛好家たちが、玉林市に殺到する。犬肉祭期間、治安維持のため警察も出動するほど玉林市は賑わう。飲食店・ホテル・タクシー業界、周辺地域の関連部門に多大な経済効果をもたらす［寧二〇一五］。

他方、動物愛護団体と犬肉愛好家の間で犬肉食の是非をめぐってバトルも繰り広げられ、前者は犬にも生きる権利があること（狗権）、後者は保護対象ではない犬を食べる権利は人間にあること（人権）を主張する。両者の間で暴力的な衝突が発生し刑事事件に発展することもある。さらに、欧米諸国は、文明国家として犬肉祭という野蛮な行為を黙認しているのだ、と中国を譴責する。中国政府は、もとより犬肉祭は外交問題ではないと指摘しつつ、犬肉祭は地方行政府主催のものでもなく、民間の慣習に過ぎず、愛護団体の過激な抗議活動の背後には反中勢力の政治的な謀略がある、と反撃する。

犬肉祭は、地域に経済効果をもたらすだけではなく、人権か狗権かをめぐる国家間のせめぎあい、イデオロギー間の衝突など、さまざまな政治的な葛藤を惹き起こす存在である。では、犬肉祭はどのように生まれ、その性格はいかに理解されるべきだろうか。

犬肉祭をめぐる議論においては、祭り自体は、一部の犬肉提供者や飲食業者が利益追求のために、市場原理に基づき犬肉の産業化を狙って、二〇〇九年頃から人為的に創り出した伝統だ、と祭りの構築性が強調される傾向がみられる。そこで、犬肉愛好家は、ヒューマニズムから派生した人間中心主義や功利主義の観念に囚われているからこそ、自らの欲望を満たすため犬の尊厳（狗権）を踏み躙《にじ》り、犬を食材としかみなさない、と批判される。その一方で、愛護団体は、人間中心主義に対する反省から生まれたポストヒューマニズムの立場をとるため、犬を伴侶とみなし、玉林市で犬の解放運動に携わっているとして高く位置付けられている［白二〇一五］。

やや狗権擁護的になりつつあるこれらの議論から犬肉祭は、あくまでもさまざまなイデオロギーの持ち主（主体）の実践の結果（客体）として描かれがちであることがわかる。人間中心主義（人権）にしても、ポストヒューマニズム（狗権）にしても、いずれも西洋発のイデオロギーだとすれば、犬肉祭においてみられるさまざまな政治的な葛藤は、中国における西洋イデオロギー間の代理戦争に過ぎない、ということになるだろう。

しかし、一九九〇年代から二〇〇〇年代初頭まで中国においては、研究者も含む社会全体として、犬肉の優秀さを賛美し、国民の健康を促進するため食用犬の多頭飼育や新興産業としての養犬業の可能性を科学的に見出そうとする傾向が強かった［劉一九九四：四〇、何一九九五、趙一九九九、全二〇〇一、王・王二〇〇六］。つまり、犬肉が食されているのは、美味しいのみならず、健康にも良いからだというものである。『本草綱目』に代表される伝統医学では、犬肉は、その性質が暖かいため、五臓をリラックスさせ、骨髄を満たし、補腎壮陽の機能がある、と高く評価されていた。近代栄養学でも、犬肉はタンパク質が高く、脂肪質には不飽和脂肪酸が多く、コレステロールが少ないため、動脈硬化や高血圧に予防効果がある、と肯定されている。こうした肯定的な評価を無視する狗権重視の愛護団体にとって犬肉祭は「玉林大虐殺」にほかならず、「悪魔」の玉林人とは商売せず結婚もしない、酷い目にあっても助けない、と玉林人の人間性を全否定する［池二〇一四］。

犬肉食をめぐるこれらの応酬の背景には確かにイデオロ

ギー的な要素もあろう。だが、犬肉食を祭りに化したこと、人間と犬の関わり合いを、本質に相いれない「種」と「種」の二者択一的なものにしてしまったのが、「犬肉祭」である。

二　「犬は伴侶であり食材である」というテーゼ

犬肉祭は、二つのたぐいの人間を作り出し、相互に対立させたと言えるだろう。しかし、両者を同じ国の市民として団結させるべく、国家は動き出す。

玉林市の犬肉祭をめぐる国内論争の激化を防ぎ、二分された市民の双方に理解を示し、その団結を試みたのが、「狗既是伴侶也是食材（犬は伴侶であり食材である）」という中央政府の公式見解とみることができる新聞記事である。二〇一四年六月二十三日、中国共産党中央委員会の機関紙「人民日報」に掲載されたこの記事によって、犬肉祭をめぐる問題の性質が規定されたのである。

それによると、一方で、犬肉食に反対するのはその人の言論の自由であるが、他人が犬肉を食することを暴力で干渉してはならない。他方、犬肉を食するのは慣習なので理解するべきだが、犬を虐待することは人間性に反する。立場が異なるからといって、自分の主張を相手に押し付けたり、相手を貶《けな》したりすべきではなく、共通点を見出すべきだという。ここでいう「伴侶」とは愛護団体、「食材」とは犬肉愛好家が依拠する論理に対して、それぞれ示された理解である。

中央集権国家にとって、自国民の多様性をそのまま承認することは珍しい。ここでは、犬肉祭における異なる立場にある国民同士の拮抗の在り方を問題にしているのであり、犬肉食自体の良し悪しを問題にしているわけではない。

他方、犬肉祭をめぐって諸々の紛争問題を抱える玉林市人民政府は、市当局と祭りとの関係を明らかにすべく、二〇一四年六月六日に声明文を発表した。声明文は、まず「近年、玉林地域において少数の市民が夏至の日に集まって犬肉とライチを食していたのが徐々に慣習化した」と認めつつ、しかしいわゆる「『ライチ狗肉節』というのは、あくまでも一部の店舗や民間の呼び方に過ぎず、正式にそのような祭りはない」ときっぱり否定し、さらに「いかなる地方行政府や社会組織もこのようなイベントを組織したことはなかった」と祭りと市当局とは無関係だと断じた。この行政府の見解に従うと、そもそも犬肉祭という形式イベントは、正式には一度も存在したことがなかったということになる[2]。

そして、玉林市の行政府は愛護団体に配慮すべく、地方公務員には祭りの前後一カ月以内、公に犬肉を食べないこと、犬肉提供者には公に犬を屠らないこと、飲食業者には店の看板やメニューに漢字「狗」を明示しないことを要請し、一連の妥協を引き出した。これは、愛護団体が勝ち取った一種の闘争の成果だと言えよう。しかし、制度的に認められた犬肉祭が存在したことがなかったということは、それがそもそも禁止の対象にもならないということでもある。また、妥協の産物として看板から「狗」がなくなったとしても、店内から狗肉がなくなっていないことは明白であり、その犬肉を目当てに多くの犬肉愛好家が相変わらず玉林市に殺到している。このように、犬肉祭をめぐる一連の文脈で、異なる立場の人間同士の「対立」だけではなく、さまざまな駆け引きの末に生じる「妥協」もみえてくる。

犬肉祭で実質的な恩恵を受けることのない多くの一般住民にとって、外部から殺到する犬肉愛好家や愛護団体の存在は、日常生活上迷惑であり、とくに両者の対立に巻き込まれ、玉林人であるだけで「悪魔」と貶されることは心外でもあるだろう。ただ、犬肉祭という在り方には必ずしも同調できないものの、彼らは決して犬肉食そのものを拒否しているわけでもない。

前節の冒頭に私は、広西北部の凌雲県のとあるホテルで朝食として犬の肉スープと出会ったことを報告した。しかし、その時に犬肉を口にすることはどうしてもできなかった。犬肉を嚥下したのは、玉林市であった。筆者は、玉林市の南に位置する博白県生まれの友人D氏の故郷で犬肉食について調査させてもらうことになった。犬肉食を研究するなら「人類学者としてまず自らそれを食べなきゃ」というのが若い社会学者たる彼の最初の提案だった。そして、私の胃袋を慣らすため、自治区の中心地南寧市から博白県に向かう道中必ず経由する玉林市で、我々は犬肉の専門店に入った。D氏は言った。「店の人には絶対に犬肉祭の名前を持ち出さないこと。カメラもなるべく使わないこと」。時は八月、いわゆる犬肉祭の二カ月後だったにもかかわらず、もしかしたら愛護団体の者ではないかと、外部から来た人間に対する店の警戒心が依然強いからである。

店とはいっても、店内ではなく、店と道路の間に設置されたテーブルを囲んで食べるのが一般的である。このように道端にずらりと並ぶテーブルで構成された屋台のことを中国語で「大排档《シェシェダーパイダン》」という。道路を歩く人や走る車の中からでも、犬肉の匂いを感じ、食べている人間が見える。人に見られる中で食べることは、それなりに覚悟が必要であり、非日常的であろう。半ば演技しているような環境に慣れなかったせいか、あるいは調味料が多すぎたせいか、出されたこげ茶色の犬肉は、これといった特別な匂いはせず、肉質が硬く、味は何とも表現しにくく、あえて言うなら年取った雄鶏の肉のような感じだった。犬肉祭の現場で犬肉を食べたことで、筆者は、犬肉そのものがどうであったかというよりも、とにかく何か非日常的なシンボリックな行為を成し遂げたというような感覚を覚えた。

三　愛しそして喰う

私とD氏の最終目的地は、玉林市から南へ六〇キロ離れる彼の故郷博白県であった。世界で最大の客家（客家語を話す人々の総称）人口を有する県として知られている博白県は、玉林市の管轄下にあり、二〇一六年現在、総人口は百八十九万人であった。客家たちの間では、犬肉食をめぐって次のようなことわざがある。「夏至狗、食矣満山走」。夏至の日に犬肉さえ食べてしまえば、たとえ野山を走り回ったとしても疲れることはない、という意味である。犬肉食文化の担い手ともいわれる博白県民の多くは犬肉祭の在り方に違和感をもつ。だが、現金収入のため犬肉祭の際に犬と屠畜者を提供するなど、博白県は一種の犬肉食文化の拠点的な役割も果たしている。

私とD氏は、正午、彼の実家が位置するX村に着いた。一四時ころ、上半身裸の長身の男がタバコを吸いながら、首輪のついた犬を連れて我々のところに近づいてきた。その落ち着いた淡々とした表情からは犬の散歩をしているようにしかみえなかった。しかし彼（A氏と仮称）は、D氏の実家の前に止まっていた三輪車のトランクに犬の首輪の紐を縛りはじめた。三分も経たないうちにD氏の実家の納屋にいたと思われる、小柄な男（B氏）が木製の野球バットのようなものをもってきて、いきなりその犬の頭を猛打した。文字通りの撲殺である。おそらく頭蓋骨の破片だと思われる白いものが飛び散るくらい強く撃たれた犬は、奇声をあげながら抵抗し、なかなか倒れることはなかった。

そこで、飼い主のA氏は、どこからか長さ三、四メートルの金属製のはさみをもってきて、犬の首を締めた。すると、犬は、前の両足ではさみを何とかして開けようとして抵抗しているうちに、その声が小さくなっていった。その瞬間を狙って、B氏は棒でさらに猛打した。犬の体は泥のように崩れゆき、動かなくなった。B氏は犬の喉にナイフでとどめを刺し、放血した。この過程は一〇分くらいのことだったと記憶する。それから二人は犬の死体を、D氏の実家の裏庭に連れていくと、そこで、D氏の兄（C氏）が台ばかりの前に待っていた。上半身裸でかつA氏と同じ体形のC氏は、重量を測ってから犬の代金をA氏に渡した。それからA氏は自宅に戻るかと思いきや、B、C両氏と一緒に犬をD氏の実家の前庭に連れていき、そこで解体作業も手伝っていた。

犬を熱湯に丸ごと入れて、その体毛を毟り取ってから、解体と内臓処理までの作業は主にB氏を中心に行われ、子どもたちも大勢来て、作業を見たり、いたずらしながら遊んだりして、全体の雰囲気は、とても屠畜の現場には思えないくらい賑わった、楽しいものだった。犬は血生臭いとよく言われるが、草食動物の家畜と違って胃袋が少ないためか、解体されても臭くなかった。触ってみると、皮は草食系の家畜より柔らかくて薄い。そのため、ガスバーナーでパリパリになる程度に焼くだけで、鍋に入れて調理することができる。食感にメリハリをもたらすので、パリパリに焼かれた皮があらゆるところに行きわたるように、肉を切り分ける必要がある。

前庭に建てられたかまどで犬肉を調理し、そしてそこで食事をした。調味料として使われているのは、近くの山から採ってきた山菜などだった。最初のスープは捨てられ、食されるのは二回目以降のスープである。調理された料理は三種だった。一つ目は、蒸して薄切りにした犬肉をたれであえる棒棒鶏のような、白切《パイチエ》というものだ。二つ目は、汁気の少ない鍋料理の幹鍋《ガングゥオ》だった。最後は、野菜と犬肉と犬の足をベースにした鍋だった（写真2）。

村人たちはいくつかのグループに分けられて、数回にわたって招かれ、夜になるとほぼすべての世帯が招待されたようだ。参加者全員に行きわたるよう配慮されるのはパリパリの皮だけではなく、部位として足の指や肉球なども重要視されていた。筆者も足の指を分けてもらい、表面についている肉を食べてから、骨を捨てた。隣にいたD氏は、頭を横に振りながら筆者のかじり方はもったいないという。人びとはコラーゲンを吸収するように、最後の最後まで大事にかじり、子どもたちは帰宅の道を歩きながらかじっていた（写真3）。

玉林市の屋台で食べたときに比べて、味は、あっさりしていておいしい。食感としては特別なものであった。経験したことはないが、おそらく人肉に近いのではないかと思わせたり［3］、子羊肉を食べているような感じもしたりする。何よりも食卓を囲んで食事している際に誰かにみられることなく、落ち着いた和やかな雰囲気だった。飼い主のA氏も宴会の最後まで骨をかじっていた。

A氏は飼い主として、屠ること、解体すること、食することなどに最後までかかわっていた。それは何匹も子犬を産んでくれたからもう売ってもよく、得たお金でその子犬たちを養うのだ、という判断によるものであった。A氏は自分の犬を売るが、その子犬を大切にしている。

既述したように二〇〇〇年代初頭まで中国では、食肉産業への貢献が期待され、家畜としての犬の多頭飼育についての研究が盛んだった。しかし、失敗のケースが圧倒的に多く報告されてきた［王ほか 一九九六、馬 一九九九］。博白県も同様だった。屠畜の名人であるB氏の父も犬の多頭飼育を数回試みたが、ストレスや病気感染症ですべての犬を失

写真２　鍋料理のベースになる犬の足

写真３　犬の指をかじりながら帰路につく村人

い、破産寸前だったという。現在、博白県で食べられるのは「土狗」と呼ばれる地元産の犬である[4]。これは、犬肉祭の時に食される商品としての犬とは異なる。

B氏一家は、犬の多頭飼育に失敗してから、現在、猛毒の蛇の養殖に励んでいる。漢方薬としてのニーズが高く、蛇養殖事業はかなりうまくいっているようだ。蛇が金になるため盗まれる可能性も高い。蛇養殖場を昼夜問わず警備しているのは、ドイツから輸入した大型の番犬であった。財産である蛇を盗難から守ってくれている二匹のたくましい番犬は、B氏にとって、誰よりも信頼のおける友である（写真4）。

犬肉食文化の担い手とされる博白県の人びとにとって、犬は日常生活を営む上で不可欠な友であると同時に食べる対象でもある。犬を愛しかつ喰う人びとが経験するこのようなリアリティは、図らずも「犬は伴侶であり食材である」という表現によって、最も適切に言い表されている。そもそも、種間対立的な考え方に基づく狗権か人権かの議論がない地域において「犬は伴侶であり食材である」ことは自明の理だからである。

四　狗権でも人権でもない

本論の前半で紹介したように、犬肉祭をめぐって、犬という「種」を愛すべきか、殺して食すべきかという全く異なる立場をとる、二つのたぐいの人間（国民）が存在することが分かる。後半で紹介したのは、犬を愛しつつ喰うという人びと、相反するように見える二つの行為をとる、一つのたぐいの人間（村人）である。

玉林市の犬肉祭をめぐっては、狗権か人権かという「種」の戦いがあった。一方、愛護団体は、犬肉愛好家そして場合によっては玉林の人間全体を人倫に反する非人間、悪魔だとまで貶し、狗権を主張する。他方、犬肉愛好家は、法律的に犬は保護対象ではなく、人間にはそれを食べる権利があるとして、人権を主張する。敵対しあう国民を統合しようとしたのが、「犬は伴侶であり食材である」という「人民日報」のテーゼであった。

犬肉祭の愛護団体とも犬肉愛好家とも違って、博白県の人びとは、犬を愛してかつそれを食べる。「愛」と「食」の行為は、人間と犬の間で、不断に繰り返されている。二つの行為は連続し、循環する。この事態を「人民日報」は、想定していなかっただろう。しかし、「犬は伴侶であり食材である」という命題は図らずも博白県における「ともに生きる」という人犬関係の在り方を肯定することになった。

狗権か人権か、伴侶か食材かといった二者択一的な論争を招来しがちな玉林市の犬肉祭は、中央と地方行政府の影

写真４　蛇養殖場を警備しているＢ氏の二匹の番犬

響を受けつつ、妥協をみせながら持続している。控えめになりつつある犬肉祭の在り方は、Ｘ村における人と犬の関係への回帰であるようにもみえる。

註

1　チワン族の場合、特に老人たちは犬肉を食べない人も多い［陳・領一九九二］。

2　実際、二〇〇八年に玉林市文化局が編纂した、『玉林の無形文化遺産申請に関わる資料集』中には、「ライチ狗肉節」が項目として挙げられていた［夏二〇一七：一〇〇］。この事実から、犬肉祭を市当局は何らかの形で後押ししていたのではないかとも指摘される。

3　山田は、諸研究を踏まえながら、犬肉と人肉の関連性を指摘した［山田二〇一八：四五－四七］。

4　博白県では、例えば、アヒルや豚などの家畜がいなくなったら飼い主は懸命に探しだしたり、場合によっては警察に届けを出したりもするが、犬の場合はそういうことはしない。犬がいなくなったら、それはおそらく他の村の境界を侵犯し、誰かに喰われただろうと断念する。その代わりに、他村の犬が来たら同じく屠って喰っても構わないようだ。

引用文献

池墨「愛狗者吃狗者都応該尋找平衡点」（『中国商報』二〇一四年六月

二十七日）
王璇璇・王斯亮「解析狗肉食法的伝承与異化」（『揚州大学烹饪学報』十一—十四、二〇〇六年）
王華、何光中、黄波「犬的育肥飼育試験」（『貴州畜牧獣医』二十：十三、一九九六年）
何明福「肉犬的飼育技術」（『貴州畜牧獣医』十九（一）：三十四—三十六、一九九五年）
夏循祥「〝狗肉好吃名声丑〟：民俗遺産化的価値衝突——以玉林〝荔枝狗肉節〟為中心的討論」（『文化遺産』五：九五—一〇二、二〇一七年）
スコット、C・ジェームズ『ゾミア——脱国家の世界史』（佐藤仁監訳、みすず書房、二〇一三年）
全炳昭「養犬業是一門新興高効産業」（『農村発展論叢』五（六）：三十三、二〇〇一年）
陳文・領博、「壮族石狗考略——兼談壮族先民的図騰及共演変」（『広西民族研究』二：七〇—七六、一九九二年）
趙従民「狗肉開発経済価値高」（『湖北畜牧獣医』三：二十二、一九九九年）
張揚「浅談狗肉養殖」（『農村養殖技術』十三：三十五、二〇〇二）
寧新春「狗肉節、争議造就営销奇跡」（『東莞日報』二〇一五年六月二十四日）
白如彬「人道与功利：合法性与効率機制下的〝狗肉節〟衝突行為原因分析」（『宜賓学院学報』五：九二—九九、二〇一五年）
馬洪「养肉狗并非易事」（『農村養殖技術』八：十六、一九九九年）
山田仁史『いかもの喰い——犬・土・人の食と信仰』（亜紀書房、二〇一七年）
劉延年「肉食狗的飼育与狗肉加工技術」（『中国畜牧雑誌』三〇（四）：四〇、一九九四年）

犬・牛・イルカ——現代台湾の肉食タブー

山田仁史

一

何を食べ、何を食べないかという選択は、すぐれてアイデンティティの問題だ。伝統的な社会では、ある集団が何を飲食するかは他集団との線引きにつながってきたし、現代の都市社会では個人の摂食傾向はそのまま、当人の生き方や思想を示すものとなりうる。まさに、英語で You are what you eat. あるいはドイツ語で Man ist, was man isst. と言うとおりだ。

食の嗜好と忌避とがはっきり表れやすいのは、とりわけ肉食においてである。人類の食タブーは圧倒的に肉食に集中している。それはやはり、大きな脳をもつに至ったわれわれ人類が、カロリーを効率よく摂るために多かれ少なかれ肉を要し、また欲してきた歴史と無関係ではあるまい。それと裏腹に、肉を得るには動物を殺さねばならぬ、という事実とも深くかかわる事柄だろう。つまり自分たちヒトとよく似た生き物の命を奪うことへの、アンビバレントな感情が肉食タブーの根底にあると思われる［山田 二〇一七：近刊］。

今日、そうした食タブーにはグローバル・スタンダードが広がりつつある。犬・猫や、イルカやクジラを食べるなんて、残酷で野蛮だという見方である。この「外圧」が東アジア諸国にも及んでいることは周知のとおりで、台湾の犬肉食も例外ではない。その変遷と現状を知ることを通して、人間が犬や牛さらにはイルカに対してどう接しているのか、種間関係におけるバイアスを考えてみたい。

二

私が犬の肉を口にしたのは、後にも先にも一度きりだ。新世紀を目前にひかえた二〇〇〇年一一月、台北市某所でのことである。台湾でそれを指す「香肉」の文字を堂々と看板にかかげた店で、骨付き肉の入った褐色のスープをいただいた。山羊汁に似ていたのが強く印象に残っている。が、後から調べてみるとこの時期、犬肉料理は公的に提供できる最後の瞬間を迎えていた。本当にタイミングに恵まれたと思う。

というのも、二〇〇一年一月二日に立法院（国会にあたる）では「動物保護法」の部分条文修正案が通過成立し、犬・猫といったペットを食肉や皮革にするため屠殺する行為を禁じて、違反者には二千元から一万元の罰金を科すると決めたからである（二〇一八年一二月五日現在で、一元は三・六七円）。いったいこの決定の背後には、何があったのだろうか。

この問題に光をあてたすぐれた論文、「〈滋養〉から〈文明〉へ――犬肉がタブー化されたプロセスの言説分析」［李 二〇〇八］にもとづきながら、見ていこう。著者は執筆当時、私立南華大学の応用社会学系に在籍していた李宗俊氏である。

まず一九五〇年代、犬肉は台湾の漢族社会において、いまだ広く食されていた。たとえば一九五三年一二月七日付の『聯合報』では、

冬は滋養をつけるのに最適の季節である。本鎮には現在、犬肉を専業する店が一か所あり、一碗二元で商売は繁盛していて、訪れる者がきわめて多い。

と報じている。冬季の栄養源として、犬肉スープは人気を博していた。

このころ台湾は第二次世界大戦後の経済再建期にあり、農業を主たる産業としていた。食料不足も深刻で、食べられる物なら何でも食べる状況だったのである。一方、農作業にはまだ牛を使って犁《すき》を牽《ひ》かせていたこともあり、牛肉を口にするなどというのは、以ての外と見なされていた。同じく『聯合報』一九五四年一一月九日付の記事によると、

本鎮では最近、耕作用の牛を私的に屠殺する事件がたてつづけに発生しており、今後の農業生産への多大な影響が懸念される。鎮政府は屠殺の横行を防止し摘発を奨励するため、五日以降三日間にわたって耕作牛の保護を呼びかけた。調べによると、台湾省が現在所有する耕作牛は約三九万頭だが、全省の耕地面積からすると五〇万頭以上が必要である。このため政府は再三にわたって牛の保護を強化する措置をとっており、牛肉はなるべく食べず私的屠殺して摘発されないよう、呼びかけている。

という。つまり当時、耕作用の牛は重宝され、食用にしないようキャンペーンが張られていたのである。牛を食べ、犬を食べない現在とは正反対だ。

この時期、犬に対する見方も今とはちがっていた。広汎に好かれていた形跡はなく、むしろ人を咬むことのある、怖い動物として、あまりよい印象を持たれていなかった。「食べてしまった方がまし」とさえ言われていたのである。一般人の発言を載せた『聯合報』一九五五年一二月一二日付の記事には、

犬に危害を与えられるくらいなら、どうにか大量飼育して食用に供した方が、民衆生活の助けにもなる。犬の命を哀れむ必要もなかろう。

と出ている。犬への嫌悪と、困窮した生活とが結びつき、食用犬の需要が説かれていたのだ。

当時、飼い犬がいなかったわけではない。とは言え、一九五〇年代に出回っていたのは番犬用の大型種であり、マーケットでは血統と攻撃能力が重視されていた。そうした犬を飼うことができたのは、経済的にめぐまれた一部の富裕層だけであった。ペットとしての認識はまだほとんどなかったと思われる。

状勢が大きく変わったのは、一九六〇~七〇年代のことである。まず台湾政府は一九六一年、農業機械化政策を打ち出し、耕作牛の屠殺制度を解禁した。これにより、犬肉が入手できない場合には牛肉で代用することが可能となった。ところが一九七〇年前後になると、農業機械化が成功をおさめた結果として、牛を犁耕《りこう》に用いることはほとんどなくなった一方、人々は牛肉の味に慣れてしまった。かくして今度はニュージーランドから牛肉を輸入するとともに、台湾内部でも牛の飼育を推進し、マーケットの需要に応えることとした。食肉としての地位が犬と牛の間で逆転したのは、このころだったと思われる。

人々の犬認識も変化した。「犬は人間の友だちだ」という論調が新聞紙上をにぎわすようになり、一九七〇年代末には経済発展と都市化の進む中で、チワワ、ポメラニアン、シーズーといった小型犬種が参入してくる。番犬からペットへと、市場の需要も一新された。

だが、台湾の犬肉食文化にとって決定的な打撃となったのは、どうやら「外圧」だったらしい。すなわち一九九二年三月二三日付『聯合報』によれば、英国のポーラという女性が、同国民二千余人の署名を集めて台湾政府に犬肉食行為を非難する抗議文を提出した。以来行政院(内閣および各省庁)は対応に迫られることとなったのである。

九〇年代後半には動物保護の意識も高まりをみせ、その着地点が先述した二〇〇一年の「動物保護法」修正に

よる犬猫の屠殺禁止であった。以上が李宗俊氏の論文［李二〇〇八］により、明らかになった経緯である。

三

しかしいったい、二一世紀に入って以降、台湾の犬肉食は絶えてなくなったのだろうか。こんな疑問をいだいた私は、その後の変遷と現状をさぐるため、二〇一七年一〇月四日から一四日にかけて、近年の新聞報道を収集するとともに、中部地方においてフィールド調査をおこなった。言うまでもなく、このテーマは法律に触れる可能性をもっているため、以下では情報提供者のお名前はもとより、聞書きをおこなった具体的な地名も挙げることは控えたい。

結論を先にいえば、その後も犬肉の取り扱いをめぐる摘発事件は跡を絶たず、ために法律や罰則も厳格化の道をたどっている。

たとえば二〇一三年一月一六日付『蘋果日報』によれば、犬を専門に屠殺・販売していた男性が取り締まりに遭った。動物保護団体「台湾猫狗人協会」が警察および県当局とともに現場で見たものは、すでに解体された一二匹の犬の死体など、大規模な屠殺の跡だった。容疑者はこれらを愛好家たちに販売したと述べており、いまだに儲かる商売であったことが示唆されている。

二〇一六年にも、多数の事件が起きた。一月五日付『蘋果日報』では、犬を捕殺して肉を販売していた、「小吃店」（小型食堂）の店主が処罰を受けた。二月一六日付『自由時報』では、自宅前で野犬を屠殺したところ愛犬家の目に留まり、通報された男性が取調べを受けている。三月二五日付『自由時報』・翌二六日付『蘋果日報』によると、違法業者の冷凍庫に一キロの犬肉が発見され、当人は逮捕された。炒め物一人前を三〇〇元で販売していたという。これは動物保護団体のメンバーが客を装うことにより、発覚した事件である。同様に、愛犬家姉妹の活躍によって犬肉販売が発覚した案件は、五月にも発生している［『自由時報』五月二一日付、『台湾動物新聞網』六月四日付］。

これらの記事を通覧して気づくのは、犬肉愛好者の需要に応えようとするヤミ屠殺人・販売人が、動物保護団体や愛犬家によって通報され、摘発されるという流れである。しかし従来の消費者は主として台湾の漢族だったのに対し、新たに別カテゴリーに属する人々も参入してきたようだ。それが、外国人労働者（「外労 foreign worker」または「移工 migrant worker」）という存在である。

すなわち台湾にはベトナム、タイ、インドネシア、フィリピンといった東南アジア諸国から労働者が続々と入っており、彼らの中には犬や猫を食用にするケースがあって、問題視されていたのだ。こうした状況を受けて南部の高雄市では二〇一五年一二月、独自に条例を制定、犬・猫を食べた場合は最高七万五千元の罰金とした上、雇用者の連帯責任も問うことにした〔『自由時報』二〇一五年一二月一〇日付、『中時電子報』同日付、『公民新聞』一六年五月二八日付、『台湾動物新聞網』同年一一月二二日付〕。

この時点で、中央法規では犬・猫の屠殺は取り締まっていたものの、食物としての摂取は禁じていなかった。このため、業者の中には危険を承知でひそかに屠殺・料理し、愛好客の需要を満たす者が跡を絶たなかったのである。そこで先行した高雄市を追うかたちで二〇一七年四月、「動物保護法」の規定はさらに厳格化する。つまり猫や犬の肉・内臓を食べた者は最高二五万元の罰金とし、姓名・顔写真なども公表されることになった。犬猫の死体・内臓の購買・食用・所持が明確に禁止されたのみならず、種々の動物虐待（薬物・銃器による殺害、車・バイクでの犬の散歩など）も対象にふくめられたのは、かなり範囲を広げた改正と言える〔『自由時報』一七年四月一一日付、『中時電子報』翌一二日付〕。

四

では、こうした厳格化をもたらした言説空間とは、いかなるものだろうか。新世紀台湾の人々はなぜ、犬肉食を取り締まろうとするのか。

これを考える場合、イルカ食という別の問題が台湾において同時進行中だという事実に、目を向けるべきである。イルカは野生動物なので「野生動物保育法」という異なる法律で守られているという違いはあるが、食用禁止のロジックには犬猫と似たものが認められるからだ。

まず実態から見ていこう。たとえば二〇〇六年八月三日付の『自由時報』が報じたところでは、海岸巡防署（日本の海上保安庁に相当）は帰港した漁船から史上最大級、一万キロ以上のイルカ肉を押収した。記事によると、台湾国内の小吃店の中に秘かにイルカ肉料理を出す所があるというのは、公然の秘密である。かつて漁村では、貧しい人々は鶏肉・豚肉などを買う余裕がなく、イルカ肉を代替品としていた。女性が「坐月子」（出産後の安静・恢復実践）をする場合にも、ゴマ油で炒めたイルカ肉が滋養食と見なされてきたこともあり、ヤミ取引は続いている。とくに腹部の色にちなんで「ハラジロ」と称されるハンドウイルカ、ハシナガイルカ、シワハイルカが多数を占めている。小吃店はふつうスモークにして臭みを消し、酒のつまみに調理しており、愛好者はまだいるらしい。「野生動物保育法」の規定では、保育類の動物（他にクジラやサルなども）を猟獲・売買・屠殺した者は六か月以上五年以下の懲役にくわえて二〇万元から一〇〇万元の罰金を科せられるが、それでもこうした事案はなくならない。その一因としては、サルが農作物を荒らしたり、イルカが漁網を咬み破ったり魚の餌を盗み食いしたりなど、実害も多いことが挙げられている。

その後もイルカ肉の違法な捕獲・販売を報ずる新聞記事が見られるが〔『蘋果日報』二〇一三年一月二四日付、同九月一九日付、『聯合報』一五年六月一〇日付〕、興味深いのは「国の恥」という言説のあり方だ。すなわち有名料理人の某シェフは、イルカ料理を裏メニューとして提供するレストランに対し、「国の恥」であって私利私欲に走るな、と痛烈に批判した〔『今日新聞』一一年四月二二日付〕。またアメリカのテレビ局CNNが「台湾はまだイルカを食用に販売している」と非難したと伝えられるや、「外国への恥さらしだ」という懸念が広まった〔『今日新聞』一四年五月三〇日付〕。どうやらここには、対外的に「文明化しきれていない野蛮国」と見られたくない、という集団アイデンティティがかかわっているらしい。

同様の構図は、犬肉食についても認められる。たとえば二〇一七年九月九日付『蘋果日報』では、四月の「動物保護法」改正を知った韓国中央農業部門が視察団を台湾へ派遣したと報じた。それによると、台湾が動物保護に投入している高額の予算に驚いた視察団員たちは「どうして犬肉食を禁止するのか」「国民の反対はないか」「どうやって行き届かせるのか」など質問した。そして、いまだに犬肉食が続いている韓国は十年前の台湾とほぼ同じレベルだと指摘し、台湾は「欧米などの先進国とまだ距離があるとはいえ、アジアにおいてはかなり進歩したと言える」と結んでいる。

「文明化」の指標たるグローバル・スタンダードに乗り遅れまい、という姿勢が、少なくともメディアや政府内に存在するのは確認できた。では一般の人々はどんな感覚を持っているのだろうか。限られた範囲だが、台湾中部地方のフィールドで聞かれた声を紹介したい。

五

一〇月上旬とはいえ気温は三〇度前後まで上がる。昼下がりの陽射しを避け、大樹の木陰などでおしゃべりやゲーム（「老鼠牌」というカードゲームなど）に興ずる人々が多い村落部。調査助手の黄君と私は、話をしてくれそうな人をさがしては片端から声をかけて回った。すると犬やイルカの食用にかんする実感のこもった語りを、少なからず聞くことができた。

まず某宮わきの榕樹《ガジュマル》の下で涼んでいた七〇代の女性によれば、

若いころに犬肉を食べたよ。この辺の村ではみんな食べていたねえ。今はなくなったけどね。当時は赤肉（瘦肉）をジャーキーにして売ってたっけね。おいしかったよ。生薑《しょうが》といっしょに炒めることもあった。

イルカや豚より犬肉の方が好きだったね私は。犬の内臓も食べてた。なにか特別な機会にっていうんじゃなく、殺したらその時に食べたね。犬を捕って殺す専門の人がいて、販売もしていたね。あまり取り締まりが厳格じゃなかった時は、路上でも犬肉を売ってたよ。滋養になるからねえ。

話していると、やはり七〇代くらいの別の男性が榕樹の下へ入ってきた。彼曰く、

犬肉を柚子の皮で煮ると香りがよくなったよ。骨も一緒に煮て、手づかみで食べたものだった。今は法律で、犬を殺すのも食べるのも全部取り締まられる。しかし今ではこんなに野良犬が増えてるじゃないか。犬肉にすれば減って、ちょうどいいんじゃないかい。犬肉だって、同じ肉じゃないか。

ふむふむ、まるで一九五〇年代の新聞に載っていたような意見である。助手の黄君によれば、ネット上では若者の間からも同様の見解が書き込まれているという。

別の日の夕暮れどき、今度は黄君の兄貴分宅をおとずれた。五〇代くらいに見える彼は撮影やデザインなどの仕事をしているらしい。

昔は貧しかったからなあ。女が子供を産んだらイルカで栄養をとったんだ。イルカが来ると漁網を破ってしまう。だから捕まえた。捕ってみると大きいので、皆で分けて食べたんだ。葱・生薑・米酒を入れて炒めてね、そうしないと生ぐさいから。

犬肉も食べたよ。とくに冬。犬はうまいぞ。昔は生活が苦しかったからなあ、何でも食べたんだ。禁忌にしている今の人たちは、ちょっとうるさすぎるよ。昔は蛇スープもあったし、猫も田ネズミも、何でも食べた。そうして育ったんだ。

犬肉の専門業者もいたよ。四角形の木箱の中に肉を入れたのを、バイクに載せてやってくる。独特のスタイルだったなあ。木箱に入れていたのは、どうしてかな。血も出るので吸水のためかな。通気もいいしね。

左腕に見事な彫り物をした「兄ぃ」は、「今もイルカ肉ありますか」という問いかけに、「ま、どうかな」とはぐらかした。

また別の日、ある宮までやってくると、七〇代くらいの

男性が中で涼んでいる。そして退屈していたのか、詳しい話を聞かせてくれた。

昔は牛肉が少なく、仕事がきつかったから、田舎の人は犬を食べたねえ、栄養になったからね。香りがとてもいいから「香肉」って言うわけだ。とくに美味いのは黒いやつ。小さいチワワみたいなのは駄目だ、喰う所ないだろが。大型のがいいよ。晩に酒を飲む時に犬も食べる、ていうのが多かったな。季節は冬だ。別に特別な機会があるわけじゃない。夕方から夜にかけて、酒を飲みながら犬肉をつまむんだ。
　俗に「扶起不扶倒」という諺がある。「扶」は「助ける」ってこと。香肉はパワーが強すぎるからね。身体強壮な人間が食べれば体はますます良くなるが、体の弱い人が食べたら逆に悪くなってしまう、ということだよ。

　しかしフィールドを回っていて一番驚いたのは、こうして犬肉を食べてきたほぼ同じ地域に、犬を祀る廟や宮が少なくない、という事実である。
　たとえばある廟は、一七八七年（乾隆五二）に起こった戦乱に際し、一匹の勇猛な犬が住民に味方して勇敢に戦ったとして、「義犬将軍」としてこれを祀っている。おもしろいことに、この廟は迷子になった飼い犬の早期発見という霊験をもつとされ、廟内に多数かけられた絵馬（「祈福卡」）の中には、こんな内容のものもあった。

早くうちの愛犬（トイプードル）が見つかって戻ってきますように。名前はディディ、オス犬で、未去勢。息子のように可愛がってきました。どうか、早くうちに戻ってきますように！

　これだけではない。廟の壁には二〇一三年五月一一日付『自由時報』の切り抜きが掲示してあったが、その見出しには「義犬将軍に犬さがしを助けてくれるよう祈ったところ、たちまち効験あり！」との文字が躍っていた。
　ほかにも周辺地域には、勇士たちと共に湖に飛び込み、水中に棲んでいた田螺《たにし》の化物を退治したが自らは水死したという犬を祀る宮もある。なお台湾全土には、こうした犬を神として祀る廟宇が合計四七か所知られており、内訳は北部と南部に各一一か所、東部二か所なのに対して中部は二三か所で、今回の調査地域に比較的多いことが分かる［周二〇一五］。
　犬は祀られる対象というにとどまらない。この地域では、犬を供犠として神に献げる所もいくつかあった。今回の調査では少なくとも五か所で、かつて行われていた。古

い記録では戦前に増田福太郎が、

武徳英侯は生前田舎に出でて窃盗を働かんとし将《まさ》に物を盗まんとしたとき、犬に吼《は》えられて竟《つい》に逮捕された。彼曰く「我神とならば必ず犬肉を食はん」と。毎年祭祀に犬肉を神前に供へるのは、斯《こ》ういふ謂《い》はれがあるからである。

と述べる［増田 一九三九：八四－八五］。つまり生前に泥棒を働き、番犬のせいで逮捕された腹いせに、死後神格化されて以降は復讐として犬肉を食べたいと言った、八つ当たりな神がいるわけだ。しかも崇拝者たちはその言いつけを守り、祭には犬を屠って供えてきたというのである。

気になるのは、供犠とした犬肉を人間もお下がりとして食べていたのか否かだが、聞書きではどうもハッキリしない。黄君は「食べていたんじゃないすか？」とニヤニヤ言うが、犬供犠の実践されていた二か所の宮で聞いたところ「供えた犬は食べずに片づけたんだと思いますよ」と答える人もいれば、「持ち帰って食べたんでしょうね、私自身は経験ないけれど」と推測する人もいた。結局、真相は分からずじまいだ。いずれにせよ犬供犠はいつしかなくなり、今は鶏・豚・魚などで代用されている。

六

ここ半世紀あまりにおける東アジア社会、とりわけ社会通念の激変を反映するかのように、台湾の犬肉食をめぐる見方も大きく揺れてきたことがわかった。

まず一九五〇年代、一般の人々は食べ物に事欠き、滋養のある犬肉を広く受け入れていた。反対に、牛は犁耕に必要な家畜として大切にされていた。しかし六〇年代の農業機械化とともに牛肉が食肉市場に出回るようになり、犬肉と地位を交代してゆく。七〇年代になると犬をペットとする人も次第に増え、九〇年代「外圧」を受けて、台湾政府は二〇〇一年、犬猫の屠殺を禁止した。

しかし今世紀に入っても、犬肉のヤミ屠殺・販売は跡を絶たなかった。犬肉への根強い愛好者がいたからであり、儲かる仕事だったからだ。これを問題視した動物保護団体や愛犬家たちは監視の目を光らせ、しばしば通報・摘発事件が起きている。くわえて、東南アジアからの外国人労働者たちが犬や猫を食べる事案も報じられるようになった。このため二〇一七年四月、台湾政府は「動物保護法」を改正し、屠殺だけでなく食用も禁じて厳罰化した。

この背景には、諸外国に対して「文明化しきれていない野蛮国」と見られたくない、という集団アイデンティティの存在が見え隠れする。興味深いことに、同じ構図はイルカ肉についても言える。女性の産後食などとして好まれてきたイルカは「野生動物保育法」で保護されているが、捕獲・販売事件が時おり起きている。そしてその際、「国の恥」「外国への恥さらし」という言説が出されるのである。

このほど台湾中部で聞書き調査をおこなったところ、年配者は若いころに犬やイルカを食べたこと、貧しいゆえに仕方なかったことを語ってくれた。そして現在の禁令に対しては、行き過ぎだという意見がしばしば出されている。おもしろいのは、ほぼ同じ地域で犬を神として祀ったり、犬を神に供犠獣として献げる例がみられたことだ。ただ後者の場合、人間も犬肉のお相伴にあずかったか否かは明らかでない。

以上の成果にもとづき、現代台湾の肉食にみられる種間関係について、二点だけ指摘しておきたい。

まず人と犬との関係は、そう単純なものではない。犬肉を食べてきたからといって、相手に愛情を感じていなかったとは、ただちに言い切れないだろう。食犬のさかんだった同じ地域に、犬が神として祭祀の対象となる廟が存在することや、犬を祭神への供物として献げる例があったことは、人と犬との関係の複雑さを物語っている。摂食という行為に対して、ただちに残酷・野蛮という烙印をおす態度こそが、不寛容きわまりない短絡さにつながりうる。このことを今一度、強調しておきたい。

そして非常に面白いのは、犬と牛に対する見方が戦後台湾においてほとんど一八〇度入れ替わったという事実である。技術革新や都市化の進展、ペットの普及、外圧の存在など、さまざまな要因が働いているわけだが、これだけ短期間に種間観念のバイアスが変化したというのは見逃せない。人が他の動物に接する仕方は、かくのごとしであるとするなら、犬や牛から人への視線にも違いが出てきているのかもしれない。マルチスピーシーズという議論からは、そんなことが気になってならないのである。

謝辞

台湾調査においては、国立台北芸術大学副教授の林承緯氏に多大なご協力をいただいた。門下の大学院生を調査助手としてご紹介くださった上、調査地の選定やリサーチ進行の仕方についても有益な助言をいただいた。その門下生で、同大学院に所属する黄偉強氏の有能さと人脈なくしては、フィールドワークは不可能だった。原付バイクの後部座席に私を乗せて走り回り、年配者から台湾語で聞いた話を中国語で説明してくれたことで、大きな成果が得られた。また彼とならんで新聞記事の探索に力を貸してくれた東北大学宗教学専攻の大学院生、陳宣聿氏にも心から感謝申し上げたい。

引用文献

周慈吟『臺灣民間狗神信仰之研究』國立臺北藝術大學文化資源學院建築與文化資產研究所碩士論文二〇一五年
李宗俊「從「進補」到「文明」——狗肉禁忌過程的論述分析」『網路社會學通訊』七三、二〇〇八年（http://www.nhu.edu.tw/~society/e-j/73/73-15.htm, 二〇一七年一一月三日取得）
増田福太郎『台湾の宗教——農村を中心とする宗教研究』一九三九年、養賢堂
山田仁史『いかもの喰い——犬・土・人の食と信仰』二〇一七年、亜紀書房
——近刊「いかもの」『世界の食文化百科事典』丸善出版

『つち式 二〇一七』著者解題

東千茅

一　生命の弾倉としてのライフマガジン

二〇一八年、『つち式』という雑誌を創刊した。

本誌には、わたしが奈良県宇陀市大宇陀に移り住んでから、米・大豆・鶏卵の自給をとおして考えたことが書かれてある。

わたしは本誌を、ライフスタイルマガジンではなく「ライフマガジン」だといいたい。なぜなら本誌は、いわゆるライフスタイルの前提であるところの、ライフ=生命そのものを主題とするからである。たしかに、本誌に写し出されるわたしの生活は、見かけとしては地方移住や田舎暮らしといったライフスタイルと似ている部分はある。だが、そのような文脈に本誌が位置づけられることは本意ではない。わたしは、表層としてのライフスタイルを見せたいのではなく、基層としての生存という営みについて探求したいのである。

本誌の内容は、きわめて個人的で局所的なものだ。わたしという一匹のホモ・サピエンスが、里山に生息しはじめ、その只中ですこしものを考えた。それだけである。わたしとその身に触れる生き物たちの物語しか、ここにはない。しかし「土に俯して育てる小さな米粒たちが何よりわたしを生かすように、土に俯して紡ぐ小さな物語たちが何よりわたしを活かすはずである」[1]。

したがって、life magazine の訳語としては、生活誌よりも生命誌、生命誌よりも「生命の弾倉」を用いたい。弾丸は発射されるためにある。この生命弾倉もまた、実践のためにある。つまり『つち式』は、生きるための土の上の実践から充塡されたのであり、さらに生きてゆくための実践への力として受容されることが望ましい。

二　創刊経緯

創刊の経緯を書く。

思えば、今のように里山生活をおくる以前、大阪において都市生活をおくっていた頃のわたしは、生まれたことに納得がいかず、その生を持て余し、鬱々と日々を過ごしていた。「やりたいこと」も将来の目標も持てず、手当たり次第に様々なことに手を出してはどれもつまらなく感じながら、自分の生命を押し付けられたものとして憎んでさえいた。

このまま生きるかそれとも死ぬか、といつものように考えていたある時、転機は訪れた。わたしは、生きること自体を未だかつてしたことがないと気づいた。そうして大学在学中に、ためしに小さな畠を借りて野菜を育ててみたのだった。播いた種子が発芽し、徐々に育ち、それを収穫して食べること、畠に住む様々な動植物たちの存在、刈った畦草から立ちのぼる匂い、手についた土の匂い、野良仕事で焼けて黒くなった肌、自分が育てた野菜を食べて生きている自分――それらは、それまで体感したことのないほど確かで、強く、深い悦びだった。この経験がわたしの進む方向を決定づけたといえる。これを日常として生きたいと思った。

その後、大学を中退、一年間働きながら移住先を探し、候補の中から今の土地を選び、里山生活を開始した（二〇一五年）。もちろん、今もこの先も、生まれたことの不可解さが解消されるなどということはない。けれども、「存在することはそれ自体しごく貴重な状態であり、あらゆる悦びの素地でもある」[2]ことを考えれば、これをみすみす放り出すわけにはいかない。この与えられた生命を引き受け、その悦びを十全に味わい尽くしてやろうと決意した。そこで、生きるということがまずもって食べることである以上、食糧の自給に着手すべきだと考えたのである。

本誌創刊には、二〇一七年、わたしが一年分の米を自分の手足ではじめて作れたことが大きく関わっている。米という主食の自給によってわたしは、ひとかどのホモ・サピエンスになれた気がした。それは、単に自分の食糧を自分で得られたということだけでなく、稲作をとおして多くの生き物たちと生き交わすことができたということである。「生きるために稲、大豆、鶏という生物たちを利用するわたしを、彼らも生きるために利用しているし、彼らを育てる過程で、彼ら以外の生物たちもまた、生きるためにわたしを利用している」[3]。生きるとは、異種たちとの相互越境であったのだ。すなわちそれは、自己でありながら自己を超え出るというエクスタシーに他ならない。

本誌は、だから、生きるという営み自体が、本来この上ない悦びであることを吹聴するために書かれたといってもいい。

三　里山へ

本誌の舞台は里山である。里山とは、里（人間社会）でもなく、山（自然空間）でもなく、またそのどちらでもあるような中間地帯を指す。本誌は里山を、保全の対象としてではなく、人間が至福をくりかえし享受しつづけられる空間として重視している。

人間と自然の合作たる里山は、人間の仕事を要請する。

わたしが稲を栽培する田んぼには、稲以外の生物たちも生息している。しかも、稲以外の生物たちの存在があってこそ稲も育つのである。このように里山環境に適応した生物が数多くいるということは、里山には人間の仕事が不可欠だということである。もちろん里山が里山であるためには、人工（里的要素）と非人工（山的要素）の均衡が保たれなければならない。しかしその均衡状態を作り出すために人間の仕事は不可欠である。

里山における人間の仕事は、さまざまな顔を持つ自然との交渉に他ならないから、攻勢と守勢、能動と受動、大胆と慎重、さまざまな態で適宜行われなければならない。「相談し、格闘し、懐柔し、歎願しながら、和解してゆく」[4]のである。さらにその継続性が求められるからには、人間同士の協働や継承も必要になることはいうまでもない。「毎年毎年めぐりくる季節のうつろい」[5]に合わせて、人間はくりかえし人工をくわえなければならない。翻ってそれは、くりかえし人工をくわえることができるということでもある。

自然の内に人工することとは、支配的・暴力的な

悦びを人間にもたらす。

本誌では、その例として畦塗《あぜぬ》りという稲作の一工程が紹介される。畦塗りとは、田に水を溜めるために鍬《くわ》で土を捏《こ》ねて畦に塗りつける作業である。その年の畦塗りを終え、わたしは「自分の手で陸地を湿地に変えてしまえた」[6]悦びを感じていた。「ここから自然破壊に至る道筋には納得できる部分もないではない」[7]とすら感じた。しかし畦塗りをして水が溜まるや、そこにはカエルが集まってくる。カエルやオタマジャクシを狙って、ヘビやイモリやゲンゴロウも集まってくる。「畦塗りという人工がむしろ、こうして生物多様性を富ますこと」[8]に接して、わたしは異種たちとの共生の悦びをも感じた。つまり、里山に「とどまるかぎり、人工と共生、二つの愉悦を味わいつづけられる」[9]ということである。

だが人間は、里山にとどまらず、その均衡状態を超えて人工ばかりをしてきた。ここで現代文明は、ふつう考えられるような貪欲の産物ではなく、人間が人工という一つの愉悦のみを追求してきた「寡欲的」なものとして反転する。そして、むしろ里山のほうが、ふつう考えられるような禁欲の産物ではなく、人間が人工と共生という二つの愉悦を追求する「強欲的」なものとして立ち現れる。

もし人間が、悦びを人生の主題とするならば、里山こそうってつけだ。「賢いヒト」たるホモ・サピエンスの本領は里山においてこそ発揮される。

本誌は、だから、人間をして里山に向かわしめることを企図してもいる。

四　耕さない文化へ

里山は、農耕を軸に形成される。里山が人間と自然の均衡的合作であるためには、農耕もまたその均衡において為されなければならない。本誌では、その形態として「耕さない農耕」が提出されている。

「耕すこと」は人間の〈すること〉として、対する「耕さないこと」は人間の〈しないこと〉としてそれぞれ把握できる。さらにまた、culture の語源が「耕す」であることから、現行の文化は人間の〈すること〉を中心として成立していることが把握できる。

だが、前述したように、〈すること〉＝人工の過剰は、共生の愉悦の放棄に他ならない。その証拠に、耕された畠には一目瞭然に生物が少ない。また、〈すること〉を発展純化した結果としての都市空間には、異種たちの生きられる余地はきわめて乏しい。人間が人間として、異種との共生の愉悦をも貪欲に味わうためには、〈すること〉ばかりではなく〈しないこと〉をもしなければならない。その実際的な方途として「耕さない農耕」がある。

わたしは土を耕さずに、米やその他の野菜を栽培している。耕さない田畠には、作物以外の生物たちも蠢動している。「わたしが『しない』ことで、多くの生物たちが『する』」[10]。わたしは耕さないが、農耕を「している」。すなわち、耕さない農耕は〈する／しない〉の中間にあることになり、それは人間と自然の均衡空間たる里山に照応する。

耕さない農耕は、原理的にいって従来の文化とは別種の文化を醸成するはずである。〈する〉ばかりの文化から〈しすぎない〉文化へ。人間ばかりの文化から、異種たちをも含めた文化へ。「その獲得をめざしてわたしは日夜進んでいるのであり、そこまで到達できないことは目に見えているにしても、それを手にできたときのよろこびを少しでも算定すれば、自分の寿命のことなど気にしてはおれないのである」[11]

本誌は、だから、あらたな文化へ向けた壮途宣言でもある。

五　生きるための現代民話

本誌は、人工の愉悦と共生の愉悦の両得を主張する。生きるという異種との交わりを主題としながら、人間にしか伝わらない言葉をもって書かれてあることに見られるように、『つち式』はそれ自体が里山的な営為である。

もちろん本誌は、実践において何ら物理的な力たりえない。もし役立つとすれば、焚き火の焚きつけになるのが関の山だろう。しかしホモ・サピエンスは、物語によっても自身の生活を加熱することができる。言葉は、実践における精神的な力たりうる。

言葉はまた、人間と人間を結びあわせる。創刊から一年もしない内に『つち式』は、人類学――とりわけマルチスピーシーズ人類学の潮流と図らずも交差した[12]。まさにそれは、現地民と人類学者の出会いといってよいだろう。

マルチスピーシーズ人類学は、その名のとおり、人類という単一種だけでなく、人類と人類でない異種たちの関係の生き生きと重畳《ちょうじょう》する世界を主題とする学問だと聞く。驚くべきことにそれは、「農耕民が自ら書いた民族誌」といえなくもない本誌の主題と共鳴するのである。

学問の領域には、言葉が豊富に蓄積されている。その言葉たちを、現地民たるわたしは今後、現地民の無責任さをもって、自分の生活のために拝借することができる。

くりかえすが、わたしにとって第一に重大なのは、生命たちのからまりあう土の上の生活実践である。それがあってはじめて本誌は成るのだし、そうして成る本誌はまた次なる実践のための物語である。

とすれば、『つち式』とは、むしろ「現代の民話」と呼ぶべきなのかもしれない。

註

1 東千茅『つち式二〇一七』（二〇一八）一〇〇頁
2 同四頁
3 同五〇頁
4 同一五頁
5 同一一頁
6 同一五頁

7 同一五頁
8 同一五頁
9 同一五頁
10 同八〇頁
11 同八〇頁
12 マルチスピーシーズ人類学の牽引者である奥野克巳氏によって『つち式』は発見された。

マルチスピーシーズ人類学の現在

マルチスピーシーズ人類学の実験と諸系譜

近藤祉秋

一　「バイオ・カルチュラルスタディーズ」の誕生

私見では、いわゆる「マルチスピーシーズ民族誌」と呼ばれる英語圏の文化人類学における動向は、少なくとも当初の構想としては「バイオ・カルチュラルスタディーズ」と呼ぶべきものであった。本稿では、その誕生の流れを簡単に追った後、英語圏の議論の動向と交渉したりしなかったりしながら独自の系譜を紡いできた日本の「マルチスピーシーズ」的な研究の様相を論じる。

英語圏の「マルチスピーシーズ民族誌」と日本の「マルチスピーシーズ」研究に連なる動向は、複数種の関係に焦点化した議論を展開する点では似ているが、その来歴はかなり異なっている。私の主張は、出自の違いがあるからこそ生産的な対話が生まれ得て、その対話がひいては環境人文学における「人新世」の問題を新しく語り直すための糸口となるかもしれないことだ。本稿はあくまでも上記の対話の端緒を見出すためのものであり、英語圏および日本の「マルチスピーシーズ」研究に関する包括的なレビュー論文ではない。

「マルチスピーシーズ民族誌」という名前が英語圏で広く知られるようになったのは、『カルチュラル・アンソロポロジー』誌の特集がきっかけであると考えられる。特集の編者は、S・エベン・カークセイとステファン・ヘルムライヒであった。カークセイは、二〇〇六年から二〇一〇年にかけて開催されたイベント「マルチスピーシーズ・サロン」の企画者であり、バイオアートに強い関心を抱いていた［カークセイ+ヘルムライヒ二〇一七、本号・奥野論文参照］。共編者のヘルムライヒは、海洋生物学者の民族誌的研究で知られている［Helmreich 2009］。両者とも、特集の出版時点では科学技術の人類学に接続する問題意識のもとに研究をしていることに注目してほしい。この特集では、海洋学者とサンゴの関係、バリの寺院におけるサルと地元住民の関係、インドネシアにおける鳥インフルエンザをめぐる語りと実践、アメリカ国防総省における昆虫型ロボットの軍事利用など、自然科学研究や生物保全、公衆衛生、技術開発といった現代的な文脈における人と自然の関係が扱われていた。

冒頭では、「マルチスピーシーズ民族誌」を「バイオ・カルチュラルスタディーズ」と呼んだ。これは、もともとカルチュラルスタディーズの牙城であった『カルチュラル・アンソロポロジー』誌の特集からこの言葉が広まったことを踏まえているだけではない。『文化を書く』以降に展開した再帰人類学は、文化表象のポリティクス、民族誌家の権威といった論点を文化人類学にもたらしたが、それはホーム／フィールドの距離（およびその距離のなさ）を考えることにもつながった。エキゾチックな文化的他者が住む「フィールド」に出かけて、彼らが営む生活を記録して、調査者の「ホーム」で自文化の聴衆に向けて他者の文化を「翻訳」してみせる技芸が伝統的な「民族誌」であったとすれば、再帰人類学以降は、自文化の「ホーム」を「フィールド」として研究する人類学者も多くなった［近藤 二〇一八］。多様な「ホーム」の人類学の中には、（伝統社会のシャーマンではなく）科学研究がおこなわれる実験室や生物医療の現場を調査地とする者も含まれる［cf. Latour and Woolger 1979］。

科学技術を駆使した現代アートの実践者を民族誌的に研究するカークセイは、カリフォルニア大学サンタクルーズ校（以下、UCSC）カルチュラルスタディーズ・センター科学論クラスターから補助を受けて第一回マルチスピーシーズ・サロンを開催した（二〇〇六年）。科学技術論をカルチュラルスタディーズの一分野と位置付けるのが妥当かどうかは意見が分かれるかもしれない（が、何にせよ、センターと下位組織の名称から考えるにUCSC的にはそのような位置づけであるらしい）。英語圏におけるマルチスピーシーズ研究の発祥がカルチュラルスタディーズと浅からぬ縁を持つのは、単なる偶然ではなく、再帰人類学を経て「ホーム」の人類学の成立につながるようなアメリカ人類学の流れがある。伝統社会の生業やシャーマニズムの研究者が「マルチスピーシーズ民族誌」を名乗っていないわけではないが、おもに科学技術の人類学をベースとして英語圏の「マルチスピーシーズ民族誌」が始まったと言える［鈴木＋森田＋クラウセ 二〇一六］。

このアプローチの成立には、UCSCの教員と出身者（いわゆる「カリフォルニア学派」）が深く関わっており、アナ・ツィンや前述したカークセイがよく知られている。マルチスピーシーズ民族誌に強い影響を与えたダナ・ハラウェイと再帰人類学の急先鋒であったジェイムズ・クリフォードは、同校「歴史の意識」プログラムの同僚である。ハラウェイの『犬と人が出会うとき』の序盤には、クリフォードが散歩中に撮った写真が登場するが、ハラウェイの「同僚にして友人のジム」は、彼女とよく話をしているようだ［ハラウェイ 二〇一三：一三一一七］。ハラウェイは科学史家であり、クリフォードは人類学史家であることを考えれば、現代社会における知識生産のありようを歴史学的な手法で鋭く分析してきた二人が同じプログラムで働き、友人となるのはそこまで不思議なことではない。

私が言いたいのは、再帰人類学からマルチスピーシーズ人類学へのシフトはあくまでも地続きであるということだ。カークセイが述べているように、英語圏のマルチスピーシーズ人類学は、「新しいジャンルの書き方と調査のモード」であるが、あくまでも「生物＝文化批評（naturalcultural criticism）」という新しいジャンル」を目指す試みとして構想されていた［カークセイ＋ヘルムライヒ 二〇一七：九六、一一七］。再帰人類学的な「文化批評」ではなく、「生物＝文化批評」であることは、人間社会の記述にとどまるだけでなく、人間以外の存在との絡まり合いから人間社会を解明していくという姿勢の表明である。

二　マルチスピーシーズ民族誌への批判と応答

だが、再帰人類学を悩ませた「表象」のポリティクスは、「自然＝文化批評」においても容易に解消されてはいない。マルチスピーシーズ民族誌は、新しい「表象」の問題に直面している。それは、人新世におけるマジョリティ種である（とされる）人類が今やマイノリティとなった（とされる）他種、とりわけ絶滅危惧種を記録し、代弁することをめぐる「生物＝文化的な表象」の問題系である。マシュー・ワトソンは、ツィンやヴァン・ドゥーレンの研究（本号・奥野論文参照）が、人間活動が圧倒的な速度で自然の改変をもたらすようになった人新世という黙示録的な時代を前にして、現実逃避的な「希望」を語るのみであると手厳しく批判した［Watson 2016］。

例えば、ヴァン・ドゥーレンは、飼育された絶滅危惧種（正確には野生絶滅種）のハワイガラスが野に放たれた後、野生下のものとは異なった行動戦略を採るようになることを根拠として、本質主義的な「種」概念には再考の余地があると主張した［van Dooren 2016］。だが、ワトソンは、ヴァン・ドゥーレンが哲学的な議論を練り上げる一方で、ハワイにおけるカラスと人の関係に関する歴史的および民族誌的なデータの提示をおろそかにしていることを指摘する。ワトソンによれば、ヴァン・ドゥーレンのこの論文は、ハワイにおける生物保全の歴史についてほとんど論じていない代わりに、人類の未来における生存に対する不安（人新世における人類と他の生物種の連鎖的絶滅）を強く伺わせるものとなっている。「マルチスピーシーズ民族誌」は、動物を「記号」として組み合わせて語りを紡ぐ「神話」と同じ要領で、自種（ヒト）の生存に対する不安をごまかすために、他種（ハワイガラス）を記号化して作り上げた寓話に仮託して偽りの希望を語る「神話」的実践に過ぎないという［Watson 2016］。

ワトソンの批判は、環境哲学を元々の専攻とするヴァン・ドゥーレンを「マルチスピーシーズ民族誌」の代表例（のひとつ）とみなす点でやや疑問が残る。だが、彼の指摘が興味深いのは、マルチスピーシーズ民族誌家は生物学者や生態学者と対話する「方法論的および政治＝倫理的な義務」があると指摘していることだ［Watson 2016: 166］。「自然に関する人間社会の表象」ではなく、「自然」それ自体を語ることが求められている［コーン 二〇一六］のだとしたら、マルチスピーシーズ人類学は早晩、自然科学の言説と何らかの形で向き合わなければいけないことは明白だ。その際、自然科学者が書いた論文を無批判に引用して、「自然」そのものの描写とした上で、それをポストヒューマン哲学で注釈することを「民族誌」の本懐としてしまってはあまりにもったいないのではないか。ヴァン・ドゥーレンの議論は、あくまでも環境哲学として興味深いものであって、マルチスピーシーズ人類学にとっては重要な対話相手（の一人）であるとは考えられる。しかし、彼の議論をマルチスピーシーズ人類学の「民族誌」記述におけるお手本としてしまうのは、「民族誌」の可能性を狭めてしまうような気がしてならない。

今考えなければならないのは、マルチスピーシーズ人類学の「民族誌」記述において、自然科学とどう向き合うかという問いだ。もちろん、問いの答えはひとつではない。私はこの問いを『文化を書く』の延長線上にあるものとして捉えている。「文化」を書くことをめぐるポリティクスの議論において、文化的「他者」としてこれまで伝統的な「民族誌」の記述の対象となっていなかった人類学者の「ホーム」に住む集団を扱うようになったことが引き合いに出されていた［クリフォードとマーカス 一九九六：四〇–四一］。「自然＝文化批評」を目指すマルチスピーシーズ人類学においては、「自然」そのものをどう記述するべきか（それは民族誌的に記述し得るのか）という問いが前景化する。民族誌家が自分たちの「ホーム」を研究し始めたとき、その場所で当然視されている「自然」と「文化」という概念の問い直しが始まるのはある意味当然の成り行きであったと言える。

自然科学との向き合い方については、いくつかの大まかな方向性が考えられる。科学技術の人類学であれば、実験室や野外における知識生産の過程そのものを研究するべきだと言うだろう。いわば「情報提供者」としての自然科学者である。生態人類学であれば、「社会」に関するみずからの調査と「自然」に関する彼らの調査を組み合わせて、「社会＝生態システム」を研究するべきだと考えるだろう。ここでは、「共同研究者」としての自然科学者が想定されている。

私の考えでは、マルチスピーシーズ人類学者は、「共同研究者＝情報提供者」として自然科学者と真摯に対話するべきである。再帰人類学から私たちが学んだことのひとつは、「他者」を描くことには常に権力性がともない、民族誌家の権威を再考するために多声的な民族誌の共同〈制作〉が必要であることだ。このような再帰人類学的な観点はすでに多くの人類学者の間では自明のものと見なされており、とりわけ表象の暴力性について真摯に考える必要があった先住民研究では、一方的な表象にならないようにするための努力が積み重ねられてきた。この原則は、科学技術の人類学においても例外ではない。先住民の古老を「情報提供者」ではなく、少なくとも「現地の相談相手（コンサルタント）」、場合によっては「共同研究者」と見なすことが増えてきたのであれば、自然科学者にも同様の態度をとるべきである。

これは、マルチスピーシーズ人類学の方法論にも直結した問題である。「自然に関する人間社会の表象」を研究するだけでなく、「自然」そのものを記述することを望むのであれば、参与観察と民族誌インタビュー以外の方法論を積極的に取り入れることも検討されるべきである。異なる分野の調査方法を学ぶことで、「人類学」の可能性がより一層広がることになる。今一度、二〇二〇年代の「実験的民族誌」を構想しなければならない。

ヘザー・スワンソンの論考は、右記の試みに関して、有益な示唆を与えてくれるように思われる。その目論みは、非人間を人類学的に研究するための方法論を考えることである。彼女が言うには「非人間をより真面目に扱う必要があると言うのは比較的易しいことであるが、非人間の実践について問うためにどのような知識実践を用いるべきかを知るのは極めて難しいことである」[Swanson 2017: 85]。このような難問を乗り越えるために彼女が提案するのは、自然科学の方法論を部分的に取り入れた研究方法である。

スワンソンは、サケの「ライフヒストリー」（生活史）が知りたかったが、魚類学および漁業管理学の先行研究では自分の知りたいことがわからないことを感じたという。サケの自然科学的な研究では、サケの鱗や耳石に残された痕跡を読み解くことによってサケの生活史を探究している。しかし、彼女は個々のサケが生まれてから死ぬまでどのような歴史を有しているかを描くことに関心があったのに対して、サケ研究者は稚魚の生活パターンがどのように生存率に影響を与えるかを統計的に調査することをおもな仕事としていた。科学論文を読むだけでは自分の知りたいことがわからない場合、自然科学者の方法論を自分でやってみることも選択肢のひとつとなる。例えば、魚類学者がこれまであまり注目してこなかった耳石の外縁部（サケ生の末期の状況を示す部分）を観察することで、遡上期の生きざまも含めたサケ個体（ビオス）の詳細なライフヒストリー記述が可能となるかもしれない［Swanson 2017: 92］。

スワンソンによれば、人類学者が調査する社会の「歴史」を研究する上で当たり前のように（あたかも歴史学者のように）文献研究をおこなってきたことからわかるように、直接観察できないことを調べるために人類学者は他の分野の研究方法を取り入れてきた。非人間の「歴史」も研究対象となった今日、同じように自然科学分野の研究方法を取り入れるべきなのではないかと彼女は主張する。とりわけ、サケの場合、鱗や耳石の研究に使われるマイクロフィルムは、歴史研究に使われる新聞記事の縮刷版を閲覧するためによく図書館に置かれているものと基本的に同じものであり、人類学者にとってそこまで操作が難しいものでもない［Swanson 2017: 87-88］。

前述したようにワトソンはマルチスピーシーズ民族誌が現実逃避的な希望を語る「マルチスピーシーズ神話学」になっていると揶揄したが、スワンソンの呼びかけは、そのような批判を乗り越える道を模索するものとして読むことができる。マルチスピーシーズ人類学は、自然科学者にとって既知の「事実」をポストヒューマン哲学の言葉で「翻訳」して難解に語り直すだけの営為ではなく、自然科学者を「共同研究者＝情報提供者」として、それぞれの研究関心の違いを生産的な対話のきっかけとして研究を続けていく試みと考えることができる。もちろん、これまでの文化人類学では、「西洋近代」的な知識生産のヘゲモニーを「地域化」する方向で議論が進んできたのであり、自然科学の手法を導入すればすべての問題が解決するという単純な話ではない［Swanson 2017: 92-93］。だが、スワンソンの呼びかけは、新しい研究デザインの具体的な提案という点にまで人類学の「種的転回」にまつわる議論を進めている点において傾聴に値する。

三　日本からの発信に向けて

ここまで英語圏における「マルチスピーシーズ民族誌」に関して足早に述べてきた。現在、「カリフォルニア学派」は、人文学の諸分野による連携と自然科学領域との対話に基づきながら人新世を考えるグローバルな潮流と合流しながら、環境人文学を牽引するひとつの運動体として強い影響力を有するようになった［Tsing, Swanson, Gan and Bubandt 2017］。環境人文学は、近年世界中で勃興している分野であり、すでに国際ジャーナルがある［結城二〇一七：二三六―二四一］。

環境人文学における鍵概念である「人新世」をめぐる問題は、究極的には人類史を問い直すことによってしか解決することができない。ツィン［Tsing 2012］は、フェミニスト的な立場から、穀物の栽培化が国家形成および女性の抑圧をもたらし、大航海時代の植民地化によるモノカルチャーの全球規模的な拡大にまで至った「人類＝男」の文明史を論じた上で、単一種栽培を攪乱する対抗軸として周縁的なるものとしてのキノコを取り上げているように見える。この壮大なフェミニスト的人類文明史は、「人間の本性（自然）は種間関係である」［Tsing 2012: 144］という本文中の言葉とともに良く知られており、英語圏の「マルチスピーシーズ民族誌」におけるプロレゴメナ（序説）ともみなされている。この論考は興味深い視点を提示している一方で、ワトソンがヴァン・ドゥーレンへの批判で述べたのとよく似た危うさをあわせもっている。壮大な人類史を一四頁に圧縮したツィンの論考は、「人類＝男の文明」対「周縁的なるものとしてのキノコ」というありふれた善悪二項対立型の寓話のように見えてしまうのだ。

寓話が悪いわけではない。むしろ、ワトソンの批判を逆手にとれば、「マルチスピーシーズ民族誌」の初期の成功は、人間中心主義の完成とそれに続く人類の没落を予見する「人新世」の黙示録的寓話に対して、警鐘を鳴らすためのわかりやすい「対抗寓話」を作ったことに求められる。そして、それは時代の趨勢を見越した重要な試みであった。しかし、環境人文学という構想の中で、人類が最終的に人新世をどう理解して、その時代を生き延びるために何ができるのかという切実な問いを向けられた時に、紋切り型の「希望」の寓話を作り続けるだけではいけないという意識もまた生じつつあると言える。「カリフォルニア学派」の生え抜きであるスワンソンが自然科学の方法論を部分的に取り入れた民族誌研究の必要性を主張しているのはその証拠である。

それでは、日本における「マルチスピーシーズ」研究の状況はどのように考えることができ、日本からどのような貢献が考え得るのだろうか。今西錦司の流れを汲む「インタラクション学派」の間では、霊長類学、動物行動学、生態人類学、心理学など分野の垣根を越えた議論が展開されてきた［木村二〇一五］。「動物の境界」をテーマとした菅原和孝［二〇一七］の大著は、この研究グループにおけるひとつの理論的到達点と見なすことができる。春日直樹、森田敦郎らは、科学技術の人類学を基盤とした議論を展開してきた［春日二〇一一］。その流れの中で、英語圏の「マルチスピーシーズ民族誌」が日本国内でも取り上げられるようになってきた［鈴木＋森田＋クラウセ二〇一六］。大村敬一は、北方狩猟採集民研究（イヌイト研究）と科学技術の人類学を交差させた議論を展開し、最近では英語圏のマルチスピーシーズ民族誌の研究者とも対話を始めている［大村二〇一三、Omura, Otsuki, Satsuka, and Morita 2018］。中沢新一の芸術人類学［中沢 二〇〇六］を存在論的転回の流れに位置づける論者もいる［cf. 石倉二〇一六］。奥野克巳らは、宗教人類学と生態人類学をベースとした人獣関係の民族誌的研究を発表してきた［奥野二〇一一、奥野・山口・近藤 二〇一二、シンジルト・奥野二〇一六］。奥野が代表者を務めた二つの科研プロジェクトは、マルチスピーシーズ人類学研究会の源流となっている[1]。

　本研究会では、日本におけるこれまでの関連動向を踏まえながら、人類学の垣根を越えた連携が模索されている。近年、環境文学の研究者を中心として人文学系の諸分野からなる「環境人文学」を構想する動向が国内でも始まっている。その嚆矢《こうし》として、『環境人文学』がある［野田・山本・森田二〇一七］。鳥と人間の関わりをテーマとして、環境文学と文化人類学の対話を試みる論集が出版されている［野田・奥野 二〇一六］が、これは先に述べた「環境人文学」を目指す試みの一環として位置づけられる。

　私は、環境人文学における日本からの貢献について二つの可能性を想定している。まずは、日本の研究者が連綿と続けてきた、人類に関する文理融合研究が挙げられる［cf. 河合二〇一六］。「人間」がいかに生まれたかを考える上で、霊長類から現生人類までのホミニゼーション（ヒト化）の過程を考察することは必要不可欠と言える。「霊長目ヒト科ヒト族ヒト属」という括りは、とうに絶滅してしまった化石人類も含めて、私たち現生人類が誕生する進化史的過程が常にすでに「マルチスピーシーズ」的であったことを思い起こさせてくれる。

　日本の環境人文学が貢献するもうひとつの可能性は、日本語という世界のアカデミアにおけるマイナー言語で思考することを強みに変える戦略である。良質な寓話＝神話は、新しい世界を想像＝創造する力を持つ。環境史家の北條勝貴［二〇一七］は、宮沢賢治の『銀河鉄道の夜』と宮崎駿の『もののけ姫』へのオマージュとなる短編小説を『環境人文学』の中で発表した。この短編では、ザネリが『もののけ姫』の物語が書かれた書物を手に取り、それを読みふけりながら、八百比丘尼や博士といった登場人物との対話を続けていくという設定で物語が進行していく。『銀河鉄道の夜』に登場する「らっこの上着」をめぐる謎を北方地域の毛皮交易の文脈に引きつけて考える見方が本文と注釈の中で示唆され、製鉄産業を基盤とした〈クニ〉作りのためにシシ神殺しを企てる『もののけ姫』の烏帽子御前への隠しきれない共感が語られる。

　北條は、東アジアの環境史における重要な論点を踏まえながら、両作品を環境文学として読む道筋を示すのみならず、漂泊の民が草の枕に語ってきた物語を引き継ぐ営為として環境史を捉えている。私は、環境文学と環境史を縦横無尽に交差させる北條の試みが歴史を語ることに内在する物語性を存分に生かした（良い意味での）「マルチスピーシーズ神話学」であると思う。また、興味深いことに、北條の物語は八百比丘尼伝承や神殺しといった歴史民俗学的なテーマから着想を受けるのみならず、西田正規の定住革命論のような人類史の領域にまで開かれている。日本語で発表された文学・映像作品の背景にある環境史・民俗学的なテーマを鋭く読み解き、物語の形式をとって、学術的な批評としても読み物としても味わうことができる作品を描く北條の試みは、日本から発信する環境人文学の可能性をうかがわせるものである。

四　アートとサイエンスのはざまで

ジェイムズ・クリフォードによれば、「民族誌学者たちはよく、なりそこないの小説家と呼ばれたりした」［一九九六：六］。クリフォードの指摘は、再帰人類学の始まりを告げるものであったが、私たちは今一度違う意味合いにおいてその言葉を引き合いに出すべき時期に来ている。クリフォードは、人類学を「文化について書く、文化に立ちはだかって書く、そして文化のあいだで書く、というより広い実践活動に向かって開いて」［一九九六：四―五］いくことを目指した。今、私たちが目指すべきことは、「自然と文化の絡まりあい」について書き、それに立ちはだかって書き、その間で書くという行為について思索を深め、実際に筆を執ることだ［近藤 二〇一六］。そして、「筆を執る」（と言う私は今キーボードを打っている）だけでなく、コリン・ターンブルがムブティの森の中でタイプライターに向かっていた時代［cf. クリフォード 一九九六：二］から半世紀以上経つ現在、民族誌はさまざまな表現方法に開かれていることも忘れてはいけない。

このとき、私たちは再帰人類学の時代以上に民族誌の実践が「アートとサイエンスのはざまで書く」行為であることに気づくはずだ。私は以前、野生生物管理における民族誌の役割が「ネイチャーライティング」であると述べたことがある。この表現は、通常「文化」を書く専門家とされる民族誌家の仕事は、先住民の意見を取り入れた野生生物管理に向けて関係者と協働していくためには、「文化」的に構築された表象の解明だけでなく、「自然」自体の描写にも開かれなければならないという見解に由来している。内陸アラスカでは、サケの遡上数減少が問題となっており、アラスカ先住民はビーバーダムの増加と乾燥化の影響でサケの遡上が妨げられていることがひとつの原因であると主張してきた。しかし、北米の魚類管理学は、ビーバーダムがサケ稚魚の成育に果たす好影響を評価する方向に研究が進んでいるので、先住民の声を資源管理に生かそうという風潮の中でさえビーバーダムによる遡上被害のことはあまり顧みられていない。私は、ニコライ村の猟師たちがサケ遡上地でのクマ猟の際におこなう一連の活動を描く民族誌の中で両方の説明が矛盾しない可能性を指摘しようとした［近藤二〇一六］。

先に紹介したスワンソンの試みは実験室におけるサケの鱗と耳石の観察をサケのライフヒストリー記述に取り入れる構想であり、私の試みは猟師の実践にたくみに反応するサケの自然誌的な野外観察に基づくものであった。両者は調査方法こそ異なるが、どちらも民族誌家と自然科学者の関心の違いを生産的な対話のきっかけとすることを目指し、「現地人によるサケの表象」を（部分的に）超える民族誌を志向している。「サイエンス」（科学）を無視したり、それに単純に飲みこまれたりするのではなく、「サイエンス」と「アート」（技芸／芸術）のはざまにある者としての民族誌家が自然科学者と対話を続ける道はないだろうか。

最近、生態学者のボリス・ウォームとロバート・ペイン［Worm and Paine 2016］は、人類を「ハイパーキーストーン種」の一種として特徴づけるべきではないかと主張した。「キーストーン種（中枢種）」とは、生態学の用語で個体数の割に生態系に与える影響が大きい種を指す。「キーストーン」は、アーチ状のものを建設するときに中央部に埋め込まれる要石のことであり、構造物が安定するのに必要不可欠である。キーストーン種も、環境から取り除くと生態系のバランスが崩れるとされるため、生物多様性保全を考える上で重要視されている。「ハイパーキーストーン種」とは、「さまざまな生息地に住む他の複数のキーストーン種に影響を与え、そうすることで潜在的に連続した複雑な相互作用の連鎖を駆動させる種」であると定義されている［Worm and Paine 2016: 601］。次頁の図一は、北米・北西海岸地域における複数のキーストーン種の相互作用をモデル化したものである。ヒトは、シャチ、ラッコ、ヒトデのようなキーストーン種、およびクマとサケのような両種があわさって「キーストーン相互作用」を生み出すような関係に大きな（負の）影響を与えることで海洋、潮間帯、内水面、陸域における生態系の変化を急速に進めたとされる。

この図は北米の生態学研究の成果を人新世の議論に接続させる試みである。数多くの地道な研究を踏まえて作られたこのモデルは非常に興味深いものであり、生態学の立場から人新世におけるヒトの位置を見定めるための良質なたたき台と言える。しかし、マルチスピーシーズ民族誌家であれば、人間が頂点に立ち、頂点捕食者を含むキーストーン種に一方的に影響を与え、それが連鎖的な相互作用を生んでランドスケープ単位の変容につながるという見立てを人間中心主義と見るかもしれない。その立場から見れば、この図は、神、人間から動物、植物、無生物へと階層的な秩序を形成する中世キリスト教由来の「大いなる連鎖」の現代版——もう神は死んだのであれば頂点はヒトである——に見えないこともない。

マルチスピーシーズ人類学および環境人文学は、このような人新世をめぐる新しい議論にどのように対応していくべきであろうか。今後、生態学によるこのモデルの検証・精緻化が進んでいくと考えられるが、人文学研究者はそれを批判するにせよ、思考の導きの糸とするにせよ、異分野の「人新世」論を思考の糧としていくことが必要ではないだろうか。生態学などの自然科学分野で使われている概念や研究手法をどのように批判的に継承するか、それが「サイエンス」と「アート」のはざまで生まれた人類学が「種的転回」を迎える上での大きな課題である。その際、日本でおこなわれてきた文理融合研究を更に発展させることで新しいブレイクスルーが生まれるのではないか、私はそう考えている。

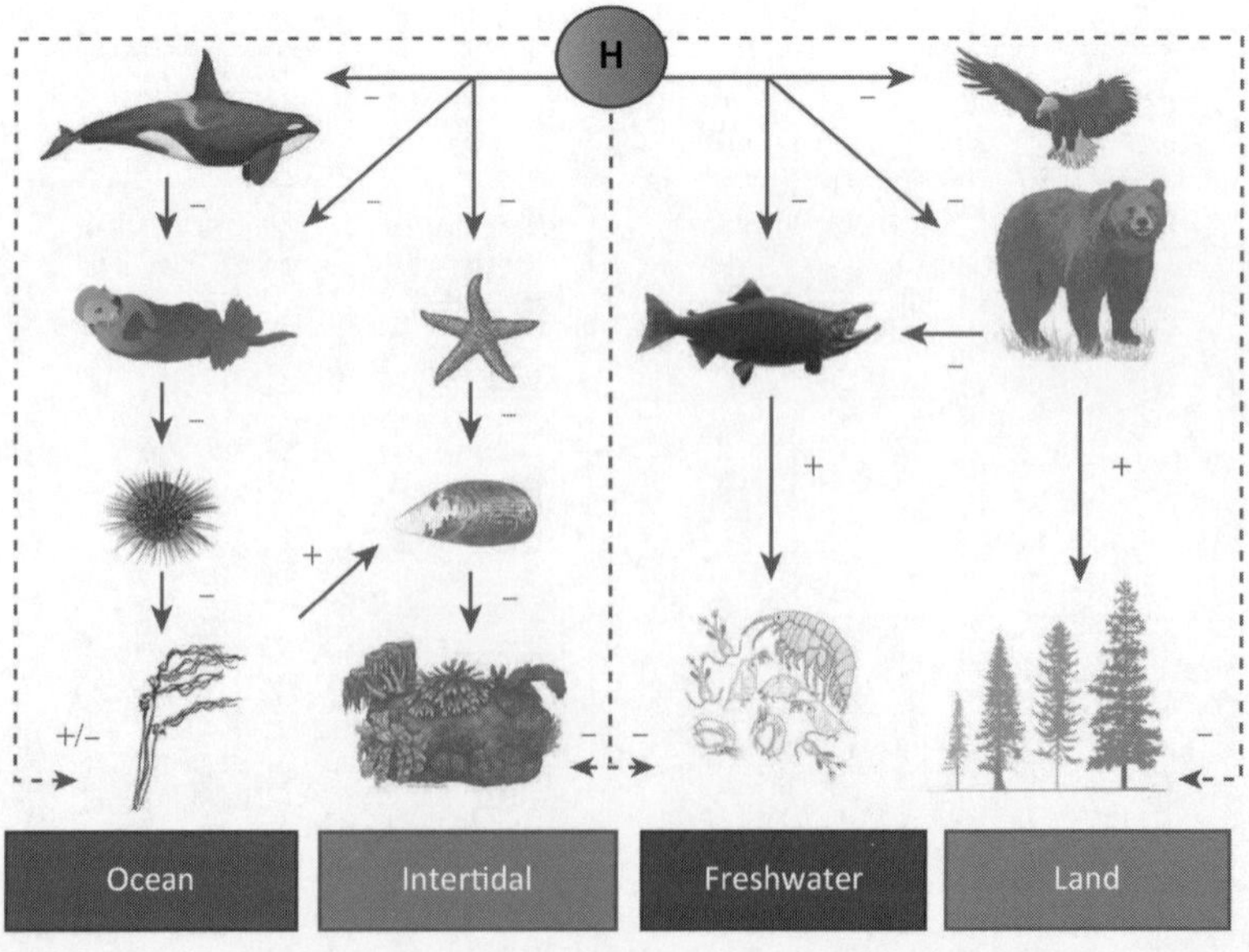

図1　ハイパーキーストーン種としてのヒト（Worm and Paine 2016）

註

1 本研究会の前身となった科研プロジェクトの名称を以下に表記する。「人間と動物の関係をめぐる比較民族誌研究：コスモロジーと感覚からの接近」（二〇〇八―二〇一一年、研究課題番号：二〇四〇一〇四八）、「動物殺しの比較民族誌研究」（二〇一二―二〇一六年、研究課題番号：二四二五一〇一九）。

参考文献

石倉敏明「今日の人類学地図――レヴィ＝ストロースから『存在論の人類学』まで」（『現代思想』四四巻五号、三一一―三二三頁）

大村敬一『カナダ・イヌイトの民族誌――日常的実践のダイナミクス』（大阪大学出版会、二〇一三年）

奥野克巳（編）『人と動物、駆け引きの民族誌』（はる書房、二〇一一年）

奥野克巳・山口未花子・近藤祉秋（共編）『人と動物の人類学』（春風社、二〇一二年）

カークセイ、S・E＋S・ヘルムライヒ「複数種の民族誌の創発」（『現代思想』四五巻四号、二〇一七年、九六―一二七頁）

春日直樹（編）『現実批判の人類学――新世代のエスノグラフィへ』（世界思想社、二〇一一年）

河合香吏（編）『他者――人類社会の進化』（京都大学学術出版会、二〇一六年）

木村大治（編）『動物と出会うⅠ・Ⅱ』（ナカニシヤ出版、二〇一五年）

クリフォード、ジェイムズ「序論――部分的真実」（クリフォード、ジェイムズとジョージ・マーカス（共編）『文化を書く』春日直樹他訳、紀伊國屋書店、一九九六年、一―五〇頁）

クリフォード、ジェイムズ、ジョージ・マーカス（共編）『文化を書く』春日直樹他訳（紀伊國屋書店、一九九六年）

コーン、エドゥアルド『森は考える――人間的なるものを超える人類学』奥野克巳・近藤宏監訳、近藤祉秋・二文字屋脩共訳（亜紀書房二〇一六年）

近藤祉秋「アラスカ・サケ減少問題における知識生産の民族誌――研究者はいかに野生生物管理に関わるべきか」（『年報人類学研究』六、二〇一六年、七八―一〇三頁）

近藤祉秋「今日の民族誌」（奥野克巳・石倉敏明編『Lexicon 現代人類学』二六―二九頁、以文社、二〇一八年）

シンジルト・奥野克巳（共編）『動物殺しの民族誌』（昭和堂、二〇一六年）

菅原和孝『動物の境界――現象学から展成の自然誌へ』（弘文堂、二〇一七年）

鈴木和歌奈＋森田敦郎＋L・N・クラウセ「人新世の時代における実験システム――人間と他の生物との関係の再考へ向けて」（『現代思想』四四巻五号、二〇一六年、二〇二―二一三頁）

中沢新一『芸術人類学』（みすず書房、二〇〇六年）

野田研一・奥野克巳（共編）『鳥と人間をめぐる思考――環境文学と人類学の対話』（勉誠出版、二〇一六年）

野田研一・山本洋平・森田系太郎（共編）『環境人文学Ⅰ・Ⅱ』（勉誠出版、二〇一七年）

北條勝貴「彷徨という救済／ザネリの夜――『銀河鉄道の夜』『もののけ姫』に寄せて」（野田研一・山本洋平・森田系太郎共編『環境人文学Ⅱ』勉誠出版、二〇一七年、七三―一一二頁）

結城正美「環境人文学の現在」（野田研一・山本洋平・森田系太郎共編『環境人文学Ⅱ』勉誠出版、二〇一七年、二三五―二四八頁）

Helmreich, Stefan. *Alien Ocean: Anthropological Voyages in Microbial Seas.* University of California Press, 2009.

Latour, Bruno and Steve Woolgar. *Laboratory Life: The Construction of Scientific Facts*. Sage Publication, 1979.

Omura, Keiichi, Grant Jun Otsuki, Shiho Satsuka, and Atsuro Morita. *The World Multiple: Quotidian Politics of Knowing and Generating Entangled World*. Routledge, 2018.

Swanson, Heather Anne. Methods for Multispecies Anthropology: Thinking with Salmon Otoliths and Scales. *Social Analysis* 61(2): 81-99, 2017.

Tsing, Anna. Unruly Edges: Mushrooms as Companion Species. *Environmental Humanities* 1: 141-154, 2012.

Tsing, Anna, Heather Swanson, Elaine Gan, and Nils Bubandt. *Arts of Living on a Damaged Planet*. University of Minnesota Press, 2017.

Van Dooren, Thom. Authentic crows: Identity, captivity and emergent forms of life. *Theory, Culture and Society* 33(2): 29-52, 2016.

Watson, Matthew C. On Multispecies Mythology: A Critique of Animal Anthropology. *Theory, Culture and Society* 33(5): 159-172, 2016.

Worm, Boris and Robert T. Paine. Humans as a Hyperkeystone Species. *Trends in Ecology and Evolution* 31(8): 600-607, 2016.

23: 83-106.
Meggitt, Mervyn 1965. 'Australian Aborigines and Dingoes' In *Man, Culture and Animals*. A. Leeds and P. Vayda (eds.) American Association for the Advancement of Science Symposium Publication.
Morphy, Howard and Morphy, Francis 2006. 'Tasting the waters: discriminating identities in the waters of Blue Mud Bay' *Journal of Material Culture* 11(1-2): 67-85.
Musharbash, Yasmine 2017. 'Telling Warlpiri dog stories' *Anthropological Forum* 27(2): 95-113.
Nelson, Ximena and Fijn, Natasha 2013. 'The use of visual media as a tool for investigating animal play' *Animal Behaviour* 85, 525-536.
Ogden, Laura A, Billy Hall and Kimiko Tanita 2013. 'Animals, plants, people and things: a review of multispecies ethnography' *Environment and Society* 9(1): 5-24.
Peace, Adrian 2003. 'Dingoes, development and death in an Australian tourist location' *Anthropology Today* 18(5): 14-19.
Peterson, Nicholas 2011. 'Is the Aboriginal landscape sentient? Animism, the new animism and the Warlpiri' *Oceania* 81(2): 167-179.
Plumwood, Val 2002. *Environmental Culture: the ecological crisis of reason*. Routledge, London.
Plumwood, Val 2012. *The Eye of the Crocodile*. ANU Press.
Probyn-Rapsey, Fiona 2015. Dingoes and dog-whistling: a cultural politics of race and species in Australia. *Animal Studies Journal* 4(2): 55-77.
Rose, Deborah Bird 1992. *Dingo Makes Us Human: life and land in an Aboriginal Australian culture*. Cambridge University Press, Cambridge.
Rose, Deborah Bird, 2011. *Wild Dog Dreaming: love and extinction*. University of Virginia Press, Charlottesville and London.
Rose, Deborah Bird 2013. 'Val Plumwood's philosophical animism: attentive inter-actions in the sentient world' *Environmental Humanities* 3: 93-109.
Rose, Deborah Bird and van Dooren, Thom (eds) 2011. 'Unloved Others: death of the disregarded in the time of extinctions' Special Issue *Australian Humanities Review* 50. https://press.anu.edu.au/publications/australian-humanities-review-issue-50-2011.
Smith, B. (ed.) 2015. *The Dingo Debate: origins, behaviour and conservation*. CSIRO Publishing, Clayton South Australia.
Tan, Gillian 2012. 'Re-examining human-nonhuman relations among nomads of Eastern Tibet' Alfred Deakin Research Institute Working Paper, No. 38, Deakin University. http://hdl.handle.net/10536/DRO/DU:30049195.
Taylor, Nik. 2013. *Humans, Animals and Society: an introduction to human-animal studies*. Lantern Books, New York.
Thompson, K. 2010. 'Binaries, Boundaries and Bullfighting: Multiple and alternative human-animal relations in the Spanish mounted bullfight' *Anthrozoös* 23(4): 317-336.
Tsing, Anna. 2011. 'Arts of inclusion, or, How to love a mushroom' *Australian Humanities Review* 50: 5-22.
Tsing, Anna. 2013. 'More-than-Human Sociality: a call for critical description." In *Anthropology and Nature*. Kirsten Hastrup (ed.) Routledge, pp. 37-52.
Tsing, Anna 2015 *The Mushroom at the End of the World: on the possibility of life in capitalist ruins*. Princeton, NJ.
van Dooren, Thom and Rose, Deborah Bird 2016. 'Lively Ethnography: storying animist worlds' *Environmental Humanities* 8(1): 77-94.
van Dooren, Thom, Eben Kirksey and Ursula Münster 2016. 'Multispecies Studies: cultivating arts of attentiveness' *Environmental Humanities* 8(1): 1-23.

Fijn, Natasha Forthcoming 'The Multiple Being: multispecies ethnographic filmmaking in Arnhem Land, Australia' *Visual Anthropology*

Fijn, Natasha Forthcoming 'Observations of animal connections within Donald Thomson's visual ethnography in Northern Australia' *Ethos*

Fijn, Natasha 2018. 'Dog Ears and Tails: different relational ways of being in Aboriginal Australia and Mongolia' In *Domestication Gone Wild: politics and practices of multispecies relations.* Swanson, Heather; Gro Ween and Marianne Lien (eds.) Duke University Press, Durham and London.

Fijn, Natasha 2014. 'Sugarbag Dreaming: the significance of bees to Yolngu in northeast Arnhem Land' *Humanimalia* 6(1): 41-61.

Fijn, Natasha 2011. *Living with Herds: human-animal coexistence in Mongolia.* Cambridge University Press, Cambridge and New York.

Gaydon, Gyula. K.; Natasha Fijn and Ludwig Huber 2004. 'Testing social learning in a wild mountain parrot, the kea (*Nestor notabilis*)' *Animal Learning and Behavior* 32(1): 62-71.

Gentry, Anthea; Juliet Clutton-Brock and Colin P. Groves. 2004. 'The naming of wild animal species and their domestic derivatives' *Journal of Archaeological Science*, 31(5) 645-651.

Goodall, Jane 1971. *In the Shadow of Man.* W Collins Sons, Londres.

Groves, Colin. 1994. 'Morphology, habitat and taxonomy' In *Przewalski's Horse: The history and biology of an endangered species.* L. Boyd and K. A. Houpt (eds.) State University of New York Press, New York.

Gruen, Lori and Probyn-Rapsey, Fiona (eds.) 2019 *Animaladies: gender, animals and madness.* Bloomsbury, New York.

Hamilton, Lindsay and Taylor, Nik. 2017. *Ethnography after Humanism: power, politics and method in multi-species research.* Palgrave Macmillan, London.

Haraway, Donna 2003. *The Companion Species Manifesto: dogs, people and significant otherness.* Prickly Paradigm, Chicago.

Haraway, Donna 2008. *When Species Meet.* University of Minnesota Press, Minneapolis.

Haraway, Donna 2015 'Anthropocene, Capitalocene, Plantationocene, Chthulucene: making kin' *Environmental Humanities* 6: 159-165.

Hare, Brian and Tomasello, Michael 2005. 'Human-like social skills in dogs?' *Trends in Cognitive Sciences* 9(9): 439-444.

Harvey, Graham 2005. *Animism: respecting the living world.* Columbia University Press, New York.

Human Animal Research Network Editorial Collective (2015) *Animals in the Anthropocene: critical perspectives on non-human futures.* Sydney University Press, Sydney.

Ingold, Tim 2000. *The Perception of the Environment: essays on livelihood, dwelling and skill.* Routledge, New York.

Ingold, Tim. 2013. 'Anthropology beyond Humanity' *Suomen Antropologi: Journal of the Finnish Anthropological Society* 38(3): 5-23.

Ingold, Tim. 2014. 'That's enough about ethnography!' *HAU: Journal of Ethnographic Theory* 4(1): 383-395.

Kenny, Robert 2007. *The Lamb Enters the Dreaming: Nathanael Pepper and the Ruptured World.* Scribe, Melbourne.

Kipnis, Andy. 2015. Agency between humanism and posthumanism: Latour and his opponents. *HAU: Journal of Ethnographic Theory* 5(2): 43-58.

Kirksey, Eben (ed.) 2014. *The Multispecies Salon.* Duke University Press, Durham, NC.

Kirksey, Eben and Helmrich Stefan (2010) 'The emergence of multispecies ethnography' *Cultural Anthropology* 25(4): 545-576.

Kohn, Eduardo. 2013. *How Forests Think: Toward an Anthropology Beyond the Human.* University of Chicago Press, Chicago.

Kolig, Erich 1978. 'Aboriginal dogmatics: canines in theory, myth and dogma.' *Bijdra-gen tot de Taal-, Land-en Volkenkunde* 134: 84-115.

Latour, Bruno 1996. One actor-network theory: a few clarifications. *Sociale Welt* 47: 369-381.

Latour, Bruno 2013. *An Inquiry into Modes of Existence: an anthropology of the moderns.* Harvard University Press, Cambridge.

Lestel, Dominique; Florence Brunois and Florence Gaunet 2006. 'Etho-ethnology and ethno-ethology' *Social Science Information* 45(2): 155-177.

Lestel, Dominique; Jeffrey Bussolini and Matthew Chrulew 2014. 'The phenomenology of life' *Environmental Humanities* 5: 125-148.

Levi-Strauss, Claude [1949] (1969) *The Elementary Structures of Kinship.* Beacon Press.

Locke, Paul and Buckingham, Jane (eds.) 2016. *Conflict, Negotiation and Coexistence: rethinking human-animal relations in South Asia.* Oxford University Press, Oxford.

Madden, Ray 2015. 'Animals and the limits of Ethnography' *Anthrozoös* 27(2): 279-293.

Matsutake Worlds Research Group 2009. 'A new form of collaboration in cultural anthropology: Matsutake Worlds' *American Ethnologist* 36(2): 380-403.

Meehan, Betty; Rees Jones and Anne Vincent 1999. 'Gula-Kula: dogs in Anbarra society, Arnhem Land' *Aboriginal History*

3 I later wrote an article with Ximena Nelson on the potential utilization of YouTube as a means of recording rare behaviours and as a means of initiating further research, which included an example of a video of a crow sliding down an icy roof (Nelson & Fijn, 2013).

4 For relevant work by Colin Groves on domestication, see Gentry et al. 2004 and Groves, 1994.

5 Perhaps Claude Levi-Strauss would have written about incest differently in this day and age, given that he was flexible in his thinking and scientists now know a lot more about genetics than when Levi-Strauss wrote his book in 1949.

6 They wrote 'A manifesto for the Ecological Humanities' in 2003, see: https://fennerschool-associated.anu.edu.au/ecologicalhumanities/manifesto.php

7 This website has now been archived at the National Library of Australia but the Australian Environmental Humanities Hub is a continuation of this network: http://www.aehhub.org.

8 http://www.aislingmagazine.com/aislingmagazine/articles/TAM30/ValPlumwood.html

9 As part of the review section of the *Ecological Humanities Review*, I contributed a piece on Graham Harvey's book, see: http://australianhumanitiesreview.org/2007/08/01/graham-harvey-animism-respecting-the-living-world/

10 The organisation has the involvement of a strong contingency of academics engaged in the environmental humanities and in multispecies relations, including Deborah Rose, Freya Mathews, Kate Rigby, George Main, Affrica Taylor, Fiona Probyn-Rapsey and myself.

11 In a book derived from my PhD research, one chapter is on "etho-ethnology or ethno-ethology as methodology" (Fijn, 2011, pp. 36-54).

12 https://read.dukeupress.edu/environmental-humanities/pages/About.
For Deborah Rose's and Thom van Dooren's joint work, see particularly their article on 'Lively Ethnography: storying animist worlds' (2016) for their approach to studying the more-than-human.

13 Melbourne also has multispecies academic research networks, including the Human Rights and Animal Ethics Research Network at the University of Melbourne and the Critical Animal Studies Network at Deakin University (but they are not represented by anthropologists).

14 For Piers Locke and Paul Keil's 'Multispecies methodologies on human-elephant relations' see: https://aesengagement.wordpress.com/2015/10/27/multispecies-methodologies-and-human-elephant-relations/. I visited the Aarhus University Research on the Anthropocene (AURA) project in Aarhus, Denmark in 2015 and Anna Tsing's multidisciplinary approach was inspiring.

15 For an example of the Morphys' combined fieldwork, see Morphy & Morphy (2006).

16 For more on Donald Thomson's multispecies approach to fieldwork, see Fijn (forthcoming).

17 For an account of this dreaming story that passes through one of the only prominent hilly outcrops around Nhulunbuy township, see Fijn, 2014.

18 Baynes-Rock, M. (forthcoming) *Crocodile Undone: Domesticating Australia's Fauna.* Another book produced from Marcus Baynes-Rock's doctoral research was *Among the Bone Eaters: encounters with hyenas in Harar* (2015) about the relationship between hyenas and people living within the walled city of Harar, Egypt.

19 Ray Madden wasn't able to attend the conference at the time due to illness but he subsequently published an article on the topic (see Madden, 2015).

20 I later spent time as a Visiting Fellow at the Laboratoire d'Anthropologie Sociale to collaborate on a project relating to zoonoses, led by Philippe Descola and Frederic Keck.

21 Muhammed Kavesh and I outlined the new research featured within a multispecies anthropology panel within the Australian Anthropological Society conference at the University of Sydney in 2016 in a piece within the AASG bulletin.

References

Baynes-Rock, Marcus Forthcoming. *Crocodile Undone: domesticating Australia's fauna.*

Baynes-Rock, Marcus 2015. *Among the Bone Eaters: encounters with hyenas in Harar.* Pennsylvania State University Press, PA.

Bekoff, Marc 2006. *The Emotional Lives of Animals.* New World Library, Novato, CA.

Descola, Philippe and Pálsson, Gísli (eds.) 1996. *Nature and Society: anthropological perspectives.* Taylor & Francis.

Descola, Philippe 2013. *Beyond Nature and Culture.* University of Chicago Press, Chicago.

Diamond, Jared 1997. *Guns, Germs and Steel: the fates of human societies.* Vintage, London.

Dwyer, Peter D. and Minnegal, Monica 2005. Person, Place or Pig: animal attachments and human transactions in New Guinea. In: *Animals in Person: Cultural Perspectives on Human-Animal Relations,* John Knight (ed.) Oxford, Berg, pp. 37-60.

and Ray Madden, focussing on the 'animal turn' within anthropology. A lively debate sprung up within the panel and amongst audience members about the validity of the inclusion of other species within anthropological research, specifically whether other beings could be considered as actors, or agents within ethnography.[19]

At the time of the conference, I had just read *Beyond Nature and Culture* (2012), a recently published English translation of French anthropologist Philippe Descola's book, where he develops a structured framework of four different ontologies: animism, totemism, naturalism and analogism. Other academics participating in the panel, such as Gillian Tan and myself, had already embraced other beings as active agents and were considering different ontological perspectives in our research. Gillian Tan had been a visiting fellow within the Laboratoire d'Anthropologie Sociale for one year, where Phillipe Descola is currently Director (previously Claude Levi-Strauss). She commented that this experience had changed her approach to research in Tibet to consider other beings in her ethnography, including sacred mountains (Tan, 2012).[20]

Bruno Latour's Actor-Network-Theory (1996) was groundbreaking for its time and significantly influenced the ontological work of anthropologists, such as Phillipe Descola (1996). Within a special issue of *HAU: Journal of Ethnographic Theory*, Andy Kipnis called for a reassessment of Latour's posthumanism, where other beings are included as part of Latour's (2013) different 'modes of existence'. Kipnis takes the stance that human agency should be viewed through the human use of symbols and language. He states that humans exist "in worlds that include complex symbolic systems which have evolved over millenia and which mediate communication among fellow species members giving a special twist to the dynamics of agency" (2015, p. 48-49). Yet, as Deborah Rose describes, in alignment with indigenous philosophical ecology, "becoming human [is] an interspecies collaborative project; we become who we are in the company of other beings; we are not alone" (Rose, 2011, p. 11).

Conclusion

Our bodies are made up of innumerable biota and other organisms. The term human is a semantic definition, a self-imposed boundary. Within anthropology, we need to expand to think beyond this boundary. Similar to Bruno Latour's 'we have never been modern'; we have also never been human. As Tim Ingold writes, through the method of participant observation, "in anthropology we do not make studies *of* people, or indeed *of* animals. We study *with* them" (2013, p. 21).

Within Australian and New Zealand universities, particularly through the ethnography of the recent generation of doctoral students, there has been a wide diversity of research topics engaging with multispecies anthropology.[21] Paul Kiel recently completed his doctoral thesis on human conflict with free-roaming elephants in India, while Muhammed Kavesh's thesis was an ethnographic account of male passion for animal competitions in Pakistan. Catherine Schuetz is currently writing about ethnoveterinary medicine in Bhutan, and Mariko Yoshida has been researching entangled engagements with oysters in Japan. Anthropologists tackling original multispecies research will hopefully not feel bounded by the discipline, or intimidated by the prospect of re-examining territories occupied by anthropologists who have trodden the ground before them. Scholars should explore new spheres in anthropology, including an anthropology beyond the human.

Notes

1 For 'multispecies ethnography' Kirksey & Helmreich (2010), for 'more-than-human sociality' Tsing (2013), for 'anthropology beyond humanity' Ingold (2013), and an 'anthropology of life' Kohn (2013).

2 Through the writing of some animal behaviour scientists, such as Marc Bekoff (2006), there has since been a growing recognition of the power of anecdotal accounts, such as individual corvids mourning their dead.

terms of a dyadic connection between human and canine, but in terms of multiple ecological connections. He advised that I retain a multispecies approach to my research in the field.

In the late 1920s and 1930s, the anthropologist and naturalist, Donald Thomson made detailed observations in his fieldnotes, but he published his natural history-related observations quite separately from his ethnographic accounts from the field.[16] At the beginning of the project, when initially reading the classic anthropological literature on Aboriginal Australia, I could not understand why connections with different species hadn't been considered in greater detail.

Part of the reason may have not only been disciplinary divides but the perceived need by anthropologists to construct a divide between humans and other animals, to counter the negative legacy of *terra nullius* in Australia. When Australia was first settled, Aboriginal Australians were officially considered as part of the flora and fauna. In other words, in the eyes of European settlers Aboriginal Australians didn't exist. They were perceived as primitive, not-quite-human, and in a public context were referred to as animals (Kenny, 2007, pp 43-63). Coming from a place with a less conflicted history between Maori and Pakeha in New Zealand, I initially thought that in this day and age, such views were historic and surely no longer an issue that needed to be countered.

The negative repurcussions of these hierarchical views became very real to me, however, when I was just beginning my research in Arnhem Land as a new field location. I turned up at the local ranger office and explained how I was interested in researching Yolngu connections with significant totemic animals to a group of Yolngu rangers, in an attempt to form initial contacts. I mentioned how I was particularly interested in learning more about stingless bees. A lead ranger was immediately accommodating and took me up to a nearby sacred landmark. Before he said anything more, however, he asked in a serious tone, "you're not going to make us out to be animals are you?" I was taken aback, but immediately assured him that I had no intention of conveying that he was an 'animal'. He relaxed and proceeded to explain the significance of the place and how it was connected with sugarbag, or the hunting and collecting of honey from stingless bee nests.[17]

The enigmatic dingo, or campdog, has been an exception to the rule, in terms of avoiding research on more-than-humans, in that there has been a history of ethnography about Aboriginal engagement with canines (earlier work included, Kolig, 1978; Meehan et al., 1999; Meggitt, 1965). Recent research on the perceptions and social engagement with camp dogs in desert communities, including Yasmin Musharbash's article about 'Telling Warlpiri dog stories' (2017). Beyond the Aboriginal Australian context, Adrian Peace (2003) has written about encounters between dingoes and tourists on Fraser Island; Fiona Probyn-Rapsey (2015) about the conflicting perspectives related to the genetic purity of the dingo; while Bradley Smith (2015) has highlighted the conflicted human relations with dingoes in wider Australia.

Although I included ethnography on canines as part of my research (Fijn, 2018), Yolngu connections with other species, such as crocodiles, stingless bees and snakes, were also a central part of my multispecies ethnographic approach based in Arnhem Land. Similarly, another former doctoral student of Deborah Rose, Marcus Baynes-Rock, has written about new forms of 'domestication' in Australia, employing multispecies ethnography within chapters in a book on the crocodile, stingless bees, kangaroo, emu and the dingo.[18] I concluded that Yolngu perceive of a totemic being, such as a saltwater crocodile, in terms of multiple layers, or as a multiple being- as both metaphorical *and* physical beings-in-the-world (see Fijn, forthcoming).

Sceptical Anthropologists

Ogden and colleagues describe 'multispecies ethnography' as research and writing that is "attuned to life's emergence within a shifting assemblage of agentive beings" (Ogden et al. 2013, p. 6).

During an Australian Anthropological Society conference at the ANU in 2013, I presented my research about 'Sugarbag Dreaming' (2014) within a panel coordinated by John Morton was to provide a bridge between academia and the protection and rights of animals. The Minding Animals board now facilitates a number of pre-conference events around the world.

An *Animal Studies Journal* was established in 2012, as an open-access journal published by the AASA. The journal is released biannually with a focus on animal studies across the Asia-Pacific region. The founding editors, Melissa Boyd and Denise Russell, are based within the Faculty of Law, Humanities and the Arts at the University of Wollongong. Since 2015, also with support from the AASA, Siobhan O'Sullivan has hosted a podcast series called 'Knowing Animals', featuring academics engaged in animal studies from Australia and New Zealand, who are part of the Australasian Animal Studies network.

The University of Wollongong has become a hub for animal studies within Australia. Fiona Probyn-Rapsey moved from the University of Sydney to take up a position as Head of the School of Humanities and Social Inquiry in 2016. Her work focusses on feminist critical race studies within animal studies. She has organised two 'Animaladies' conferences relating to the role gender, race and class plays on our damaged relationship with animals (see Gruen & Probyn-Rapsey, 2019).

At the University of Sydney, along with other animal studies colleagues, Fiona Probyn-Rapsey previously set up the Human Animal Research Network (HARN). HARN hosts a seminar series each year, inviting visiting speakers from overseas. As a collective they published the edited book *Animals in the Anthropocene* (2015). The collective also worked on expanding the concept of sustainability to include an interspecies perspective in relation to sustainable food practices at the University of Sydney.

Nik Taylor worked within the anthrozoology and human-animal relations networks within the UK, with a focus on the way domestic animals are treated within the home and how to improve their animal welfare. While at Flinders University in Adelaide, she set up the Animals in Society Working Group.[13] Recently, she has been writing about how to include a multispecies approach within ethnography (for example, Taylor, 2013 and Hamilton & Taylor, 2017). In 2018 she moved to the University of Canterbury in Christchurch and is now a part of the New Zealand Centre for Human-Animal Studies (NZCHS).

The Directors of the NZCHS are Annie Potts and Philip Armstrong. Annie Potts, whose disciplinary background is within cultural studies, is convening the Australasian Animal Studies Group conference in 2019 with the theme of 'Decolonising Animals'. Piers Locke and English literature colleague Jane Buckingham, both also part of the NZCHS, have recently edited a book on elephants, about *Conflict, Negotiation and Coexistence: rethinking human-animal relations in South Asia* (2016). Piers Locke's research focus is on what he describes as 'ethno-elephantology' in Nepal.

In an online piece, Piers Locke and Paul Kiel outline how ethnography alone was not enough to portray the agency of elephants as well as humans in their field research. They suggest a combination of methodological techniques from the sciences and the humanities. Anna Tsing's Matsutake Worlds Research Group (2009) and her subsequent Anthropocene project (AURA) based in Denmark, involving multidisciplinary collaborations across humanist and naturalist traditions, are good examples of a way forward.[14]

Multispecies Ethnography in Aboriginal Australia

After finishing my PhD thesis, I was particularly inspired by Deborah Rose's (2011) writing on dingoes. For a postdoctoral research project, I initially wanted to focus on dingoes, or camp dogs within Aboriginal Australia. I planned to make ontological comparisons between Mongolian animistic perceptions towards dogs with Yolngu perceptions of canines, given their quite different ways of life (see Fijn, 2018).

From 2011 until 2014 I researched the connections between Yolngu and significant beings in northeastern Arnhem Land. I sought out the mentorship of Howard Morphy for this research project, as he and Frances Morphy had worked with homeland communities in northeast Arnhem Land for over thirty-five years and were supportive of my filmic-based approach to research in the field.[15] Howard Morphy gave me some important advice from the outset. When I proposed researching camp dogs, he suggested that Yolngu would not think in entanglements with other kinds of living 'selves', or in Lestel's terms 'subjects'. Instead of 'multispecies ethnography', or even the broader 'ethnography', Ingold prefers to call this kind of research an 'anthropology beyond the human' (Ingold, 2013).

Dominique Lestel visited Australia as part of a workshop I attended in 2009 on the philosophy of ethology, organised by Matthew Chrulew (who had joined Deborah Rose at Macquarie University). This resulted in collaborative publications between Lestel, Chrulew and Jeffrey Bussolini (a researcher of human-feline relations in New York). They describe their philosophical framework as phenomenological in approach, what they term 'the phenomenology of animal life', where humans are included as animals too. They call into question 'the human exceptionalism that tries to insist on an irretrievable gap between humans and animals and the disciplinary, institutional, political and religious forms that it has nurtured' (Lestel et al. 2014, p. 143).

In a 2010 special issue edited by Eben Kirksey and Stefan Helmreich, *Cultural Anthropology* journal featured multispecies ethnography as a new direction within anthropology. Many of the papers and a subsequent edited book by Kirksey (2014) were derived from The Multispecies Salon, a series of panels and events held at the American Anthropological Association conference in 2006 and 2008. The editors describe multispecies ethnography as an intersection between three modes of inquiry: environmental studies, science and technology studies (STS) and animal studies. They cite how important Donna Haraway and Anna Tsing's work was to the emergence of multispecies research and the 'species turn' in anthropology.

Thom van Dooren and Deborah Rose later moved to UNSW in Sydney. For many years Deborah Rose and Thom van Dooren worked on joint projects with a research focus on species threatened with extinction, such as flying foxes, vultures and crows.[12] They also set up and edited the open-access *Environmental Humanities* journal, which often features multispecies content from across the humanities. Eben Kirksey subsequently joined them in the teaching and research program at UNSW. He completed his doctoral thesis at UC Santa Cruz and has been one of the key proponents of multispecies research, while linking his work with Science and Technology Studies (STS) and the arts.

Animal Studies in Australia and New Zealand

At the same time the ecological, followed by the environmental humanities was developing, so too was human-animal studies (HAS). Human-animal studies, now more often referred to more simply as animal studies, is significant because the research spans across both the humanities and the sciences. Within the humanities, this includes scholars from a diverse breadth of disciplines: anthropology, philosophy, English literature, history, law, ethics, sociology, geography, gender and cultural studies. Many of the studies focus on domestic animals within the sphere of the home and they are often linked with the sciences in relation to animal psychology, veterinary science and animal behaviour.

The Australasian Animal Studies Association (AASA, including various other name iterations), was formed in 2005 with an inaugural conference held in Perth. In 2007, I attended the second much larger conference in Hobart, hosted by the University of Tasmania, with already over a hundred presentations across many disciplines. Keynote speakers included animal behaviour scientists Marc Bekoff and Jonathan Belcombe. They, along with the writing of Jane Goodall, Barbara Smuts and Franz de Waal, were challenging the boundaries of animal behaviour and cognition, pushing for the subjectivity of nonhuman animals from within the sciences.

Anthropology seemed underrepresented in comparison to other disciplines at the time, but there was a panel relating to the horse (which featured presentations from Nikki Savvides and myself). The completion of an anthropological doctoral thesis focussing on human-animal relations was rare at the time. Kirrilly Thompson had recently completed her thesis, relating to Spanish bullfighting on horseback (see Thompson, 2010).

In collaboration with the third AASA conference in Newcastle, Rod Bennison and Jill Bough set up an international conference called Minding Animals with a focus on interdisciplinary animal studies. Part of the objective of the triannual international conference

significance than any other edible being."[8] Even though she had already written extensively about the problems inherent with separating nature from culture, she came to the realisation that she was still thinking from an anthropocentric perspective, in that she was still surprised that the crocodile did not value her as a thinking, philosophising human being, worthy of life. From the perspective of the crocodile, she was just a piece of meat.

Val Plumwood was a friend and mentor to Deborah Rose and subsequently became an inspiring figure to the doctoral students who attended the ecological humanities breakfasts and workshops. During workshops, we particularly engaged with the anthropological literature on animism. Deborah Rose (2013) later described how Plumwood adopted a "philosophical animism" during this time. Her approach was in alignment with Graham Harvey's book *Animism: Respecting The Living World* (2005). Harvey describes animism beyond the traditionally more restrictive anthropological definition of the term to encompass a respect for other beings as persons.[9]

In an article considering the sentience of landscapes and objects such as rocks in Aboriginal Australia, Nicholas Peterson (2011) disagrees with the statements of academics, such as Graham Harvey, Deborah Rose and Elizabeth Povinelli. Peterson counters the ideas of these 'new animists' by arguing that the Warlpiri refer to the land as sentient and active only in a metaphorical, not in a literal sense.

Within our ecological humanities group, we were aware of the more-than-human related works being produced at the University of California, Santa Cruz. As a doctoral student, Thom van Dooren visited the University of California. He was inspired by Donna Haraway's (2003) writing on companion species and introduced the ecological humanities group to her, yet to be released, book *When Species Meet* (2008). We also read Anna Tsing's unpublished manuscript on the value of mushrooms, *The Unloved Other, or, How to be a Mushroom* (2011), which at the time was still in the form of an unpublished manuscript. Deborah Rose and Libby Robin set up and edited an Ecological Humanities section within an early Australian open-access journal *Australian Humanities Review*. Deborah Rose and Thom van Dooren (2011) edited a special issue on multispecies worlds within the journal, which included an article by Donna Haraway and Anna Tsing's article on mushrooms.

Sadly, Val Plumwood died at her bush home on Plumwood Mountain in 2008. In the spirit of the ecological humanities workshops, George Main and I continued a couple of workshops as committee members of Plumwood, a conservation organisation formed to continue Val's environmental philosophy. The Plumwood board has taken on the role as stewards for the land: for Val's handmade stone house, vibrant garden and surrounding subtropical rainforest.[10] In alignment with Val Plumwood's philosophical perspectives, our objective as an organisation is to put environmental philosophy into practice, by actively engaging with conserving the land, while maintaining the house and garden as a place for learning, researching and writing about our multispecies world.

In 2008, just after I had completed my doctoral thesis, Deborah Rose moved to a professorship in Sydney at Macquarie University. Rather than retaining the ecological humanities as a term, which was only known within an Australian context, Thom van Dooren and Deborah Rose moved to encompass their research within the environmental humanities, which was known more as a term internationally.

Within my thesis on herders' social engagement with herd animals in Mongolia, it wasn't until I read philosopher Dominique Lestel's 2006 article that I realised that my field method aligned with what Lestel was calling 'etho-ethnology' (or ethno-ethology), a natural result of a combination of my previous training within animal behaviour and the incorporation of the anthropological method of participant observation in the production of ethnography. Lestel and colleagues describe etho-ethnology as, a way to seek to "understand how humans and animals live together in hybrid communities sharing meaning, interests and affects, articulated around jointly negotiated significations" (2006, p. 173). Jane Goodall's (1971) early field techniques with chimpanzees in Gombe are a good example of 'ethno-ethology', which involved detailed observation and participation in the chimpazees' daily lives.[11]

Tim Ingold points out that Dominique Lestel's fundamentally relational perspectives are not far from Eduardo Kohn's (2007) theory of an 'anthropology of life', which includes

al., 2004).

The work of Bruno Latour (1996) on actor-network theory; chapters from *Nature and Society: anthropological perspectives*, an influential edited book by Philippe Descola and Gisli Palsson (1996); and Tim Ingold's early human-animal relations work with Saami herders and reindeer were being taught by Monica Minnegal within an undergraduate environmental anthropology course at the University of Melbourne. Peter Dwyer came from a zoological background, so the couple would apply some zoological methodology within their joint anthropological work in Papua New Guinea (Dwyer and Minnegal, 2005). Two fellow doctoral students in anthropology at the ANU lent me their undergraduate reading brick from Monica Minnegal's undergraduate course. It is a sign of a good course when students take their heavy printed reading brick with them to a different city to refer back to during their doctoral studies.

Anthropologists in Australia in the early 2000s were aware, through the work of scholars such as Latour, Descola, Palsson and Ingold, that other societies did not draw the same distinctions between nature and culture, but this realisation about our dichotomous Western perspective did not yet extend to including other beings as an integral part of anthropological research within Australia.

The work of Deborah Bird Rose was a notable exception, with her analysis of dingoes as significant totemic and cultural beings in her ethnography *Dingo Makes Us Human* (1992) and her later more philosophical work *Wild Dog Dreaming* (2011). For Rose's Aboriginal teacher Old Tim, with the dingo as his totem, 'to look at the face of a dog is to see your own ancestor and your contemporary kin' (Rose, 2011, p. 7-8). Rose described dingoes, including all totemic beings, as kin and part of a kinship structure that extends beyond the human.

The Ecological Humanities in Australia

Similar to Tim Ingold's approach exemplified in his book *The Perception of the Environment: Essays On Livelihood, Dwelling and Skill* (2000), I intended to break down the barrier between the sciences and the humanities, between biological and social anthropology in my research focussing on domestication. I sought out Deborah Rose to co-supervise my thesis, as a mentor from within social anthropology as a discipline. Instead of being situated within a school in the humanities, she was in a school where the focus was on the environment and society. Environmental historian Libby Robin and Deborah Rose were outnumbered by scientists within the school. It was tough in joint interdisciplinary seminar situations with a difference in presentation styles between the sciences and the humanities. At the beginning of one of her presentations, Deborah Rose felt the need to explain why she was reading her eloquent writing, rather than referring solely to key points on a PowerPoint presentation.

Deborah Rose and Libby Robin were proponents of what they were calling the Ecological Humanities, integrating ecological subject material within a humanities-based approach.[6] They gathered students and like-minded colleagues for early breakfasts at the ANU, which included doctoral students from the disciplines of anthropology, philosophy, history and geography. We established a website, as proponents of the ecological humanities within Australia.[7]

It was within this context that I met the environmental philosopher, the late Val Plumwood, who had written seminal works on the hyper-separation of culture from nature within the Western philosophical framework, where she critiqued the societal dichotomies between men and women, humans and nonhumans, the sciences and the humanities (for example, Plumwood, 1996, and posthumously, Plumwood, 2012).

One of the first conversations I had with Val Plumwood was before a seminar, where in a matter-of-fact manner, she described how she was attacked and mauled by a crocodile in 1985. This attack was a seminal moment in Val Plumwood's life, where she subsequently adopted what she described as an 'Eye-of-the-Crocodile' (2012) perspective, where she argued that humans are integrated with nature and inherently part of the food chain. Plumwood describes the existential crisis she went through, while churning underwater in the powerful grip of the crocodile, in detail in an article entitled *Being Prey*: "As my own narrative and the larger story were ripped apart, I glimpsed a shockingly indifferent world in which I had no more

particularly domestic animals. For two years, I had worked as a researcher in remote field locations in New Zealand with an ethology team from the University of Vienna. The research involved observing social learning in a mountain parrot, the kea (*Nestor notabilis*), so I was used to thinking beyond-the-human.

During my time researching kea, I found I could not publish rare behaviours in individual animals because, in statistical terms, such rare behavioural occurrences often result in a sample size of one.[2] Yet I wanted to be able to communicate single anecdotal accounts, such as how kea slide down the icy rooves of mountain huts in play, instead of only being able to publish about a behavioural occurrence as long as it was statistical significant at a population level.[3] I also wanted to openly acknowledge that the kea not only engage with one another, but that there was often human-kea social engagement going on. Kea were inherently curious about me, just as much as I was about them, often exploring my clothes, bag and shoelaces. To me, our growing inter-species understanding and daily social engagement was fascinating.

Inspired by Jared Diamond's popular book *Guns, Germs and Steel: the fates of human societies* (1997) and his description of the significance and impact of domestic animals in world history, I decided I wanted to research domestication processes and chose Mongolia as a field location. I began my PhD in the biological anthropology program at the ANU, under the mentorship of the late Colin Groves, who had published on animal domestication but was also an expert in primate and hominin taxonomy.[4] In order to research contemporary domestication processes, however, I would also need social anthropological training, so I attended postgraduate level theory and method classes.

Coming from an animal behaviour background, what was striking to me was the anthropocentric approach within one of the first theory classes. We all read a chapter of Claude Levi-Strauss' *The Elementary Structures of Kinship* (1969) and were discussing incest taboos. I had previously conducted research on the pukeko, or purple swamp hen (*Porphyrio melanotus*), and their gregariousness as an extended family, as communal breeders, whereby older siblings assist their parents to nurture siblings who are from a younger clutch. This was not incest, as siblings were not breeding with one another, instead they helped one another as kin. I had also previously studied a genetics course about the benefits of genetic diversity in sexual selection, as part of the major histocompatibility complex.

Within the anthropology theory class, I began saying that incest is genetically selected against and rarely occurs in animals, attempting to give the complex communal social relations of the pukeko as an example. My comment was immediately suppressed by the course coordinator, as he said we were considering humans, not animals and this was anthropology, not zoology. I had abruptly hit the academic barrier between the sciences and the humanities, between nature and culture.[5] Instead of building such dichotomous divisions, as Anna Tsing states, "the moment we seekers of the 'social' notice descriptive biology and natural history, something new is clear: We may have allies in studying sociality, and we might think together about how to study social relations and networks" (2013, p. 27).

I encountered a dichotomous perspective occasionally in future years, where well-established social anthropologists within Australia insisted on focussing on the *anthro-* (or human) in anthropology and the *ethno-* in ethnography. This attitude may have been a hang-up from an opposition to sociobiology, where anthropologists did not want other cultures denigrated to the level of animals (more on this later), or placed on a hierarchical evolutionary ladder.

I was used to thinking of animals in terms of adaptation, selection and evolutionary strategies within zoology but within social anthropology 'evolutionists' were seen as thinking of other cultures as 'primitive', or akin to apes. I was being given the message that other cultures were acceptable to include within anthropological research but other natures, or species, were not. Yet through animal behaviour, I knew that other species exhibit complex social behaviour and culture too, through a process of 'enculturation' in domestic animals (for example, Hare and Tomasello, 2005). I had grown up engaging with the social behaviour of domestic animals, particularly horses, dogs and cats, where they had successfully become part of the home (or domestic sphere). I had also observed and studied the remarkable cognitive capabilities and problem-solving skills of wild mountain parrots, the kea, in detail (Gaydon, et

Multispecies Anthropology in the Antipodes

Natasha Fijn

Introduction

An overview of multispecies anthropology emerging from the Antipodes, or Australia and New Zealand, is inevitably going to be subjective. I have taken the approach of providing my personal experience as to how multispecies anthropology has been growing over the past decade or so. As one of my advisors for my doctorate observed in 2006 when I had begun the writing phase of my PhD thesis, "You happen to be riding a new wave of research and should move with the current". In choosing my research topic, I had already ascertained that the sociality between humans and other animals, accompanied by the anthropological methods of detailed participant observation would work well together as fruitful modes of research.

Thom van Dooren, Eben Kirksey and Ursula Münster write that 'species are always multiple, multiplying their forms and associations. It is this coming together of questions of kinds and their multiplicities that characterizes multispecies studies' (2016, p. 1).

Multispecies anthropology has emerged alongside a plethora of terms for a focus beyond the human, superseding older literature within ecological or environmental anthropology to become multispecies ethnography, more-than-human sociality, anthropology beyond humanity, or an anthropology of life.[1] Tim Ingold, an early proponent of human-animal based research within anthropology, has become frustrated with too many terms, particularly with the broadening of 'ethnography', including the application of 'multispecies' with ethnography, preferring an 'anthropology beyond humanity' as a term instead.

Across the humanities, scholars position themselves within human-animal studies, animal studies, critical animal studies, posthumanism, the ecological and environmental humanities. Many of these modes of study are now offered as academic courses within universities. This burgeoning of different terms is part of the 'animal turn' in the humanities, or the 'ontological turn' in anthropology, where scholars are thinking beyond the human to encompass the perceptions of beings, often in the context of this newly defined geologic era of the Anthropocene (or alternatively named the Capitalocene, Plantationocene, or Chthulucene (see Haraway, 2015). It is evident that there has been a remarkable amount of defining and delineation of subject boundaries going on, yet the general intention is to embrace interdisciplinarity.

In this essay, I intend to provide an account of the researchers who are engaged with multispecies anthropology and more-than-human sociality within the humanities in Australian and New Zealand university contexts. I begin with a personal account of my initial delving into anthropology from a more-than-human perspective, followed by my engagement with the ecological humanities at The Australian National University (ANU). During this time, coincidentally, there was a growing interest in the broader interdisciplinary networks relating to animal studies, and I outline the various influences of individual scholars across this network. I then focus specifically on multispecies anthropology in Australia and perceptions within the anthropological community as to how, or even whether multispecies ethnography should be employed.

Researching beyond the human

I arrived in Australia from New Zealand to begin a PhD in anthropology at the ANU in early 2004. I was interested in researching how different cultures perceive other beings,

場所　立教大学池袋キャンパス12号館2階　ミーティグルームA・B

研究発表

- 足立薫（京都産業大学）「異種への関心：霊長類混群の生態と社会」
- 大村敬一（放送大学）「シンポイエーシスのメカニズムをさぐる試み：多重に生きるイヌイトの世界のつなげ方」

- 山田仁史（東北大学）「肉食における嗜好と忌避：台湾の犬肉食を中心に」
- 石倉敏明（秋田公立美術大学）「『内臓』と『外臓』の論理：可食性の人類学に向けて」

第24回研究会「ジビエブームを科学する」（宮崎大学農学部　共催）

日時　2018年12月14日（金）午後1時～4時20分

場所　宮崎大学農学部　講義棟L 201教室

研究発表

- 寺原亮治（宮崎県）「野生鳥獣の被害対策とジビエ振興の取り組み」
- 近藤祉秋（北海道大学）「ジビエ事業で狩猟と獣肉販売はどう変化したか？西米良での聞き取りから」
- シンジルト（熊本大学）「狩猟肉の再考：球磨地区における猟師と獣の共生」
- 西脇亜也（宮崎大学）「ニホンジカの食害による林床植生の衰退：宮崎と対馬の事例」
- 立澤史郎（北海道大学）「屋久島での人―シカ関係の変容：地域社会を考慮したシカ捕獲事業の必要性」
- 河原聡（宮崎大学）「シカ肉の食品栄養学的特性」
- 吉田彩子（宮崎大学）「シカ肉：新たな肺吸虫症原因食品としてのリスク」
- 井口純（宮崎大学）「シカが原因かもしれない？　ヒトにおける腸管出血性大腸菌感染症の話」

第25回研究会「ドメスティケーションを複数種化せよ」

日時　2019年1月17日（木）午後1時～5時

場所　立教大学池袋キャンパス12号館2階　ミーティグルームA・B

マルチスピーシーズ人類学　文献レビュー（奥野克巳、近藤祉秋）

Lien, Marianne Elizabeth, Heather Ann Swanson & Gro B. Ween. Introduction: Naming the Beast-Exploring Otherwise. *Domestication Gone Wild: Politics and Practices of Multispeices Relationship*. pp. 1-30, 2018.

Flikke, Rune. Domestication of Air, Scent, and Disease. In *Domestication Gone Wild: Politics and Practices of Multispeices Relationship*. pp. 176-195, 2018.

Charles Stépanoff and Jean-Denis Vigne. Introduction.. In *Hybrid Communities: Biosocial Approaches to Domestication and Other Trans-species Relationships*. pp. 1-20, 2019.

Dounias, Edmond. Cooperating with the Wild: Past and present auxiliary animals asisting humans in their foraging activities In *Hybrid Communities: Biosocial Approaches to Domestication and Other Trans-species Relationships*. pp. 197-220, 2019.

第26回研究会「種社会の記述法をめぐって」

日時　2019年1月18日（金）午後1時～5時

2014

Paxson, Heather "Microbiopolitics", Kelly Lindsey "Plumpinon", and Simun, Marian "Human Cheese" pp 115-144, In Kirksey, Eben (ed.) *Multispecies Salon*, Duke University Press, 2014

第21回研究会「『実在への殺到』の波紋」(ステム・メタフィジック研究会　共催)

日時　2018年10月21日（日）午後1時～6時

場所　立教大学池袋キャンパス12号館地下　第3・4会議室

登壇者　奥野克巳（立教大学)、近藤祉秋（北海道大学)、立花史（早稲田大学)、師茂樹（花園大学)、清水高志（東洋大学)、檜垣立哉（大阪大学)、上妻世海（文筆家・アートキュレーター)、近藤宏（立命館大学)

第22回研究会「上妻世海『制作へ』を読む」

日時　2018年11月18日（日）午後1時～6時

場所　立教大学池袋キャンパス16号館　第1会議室

登壇者　奥野克巳（立教大学)、石倉敏明（秋田公立美術大学)、山本貴光（文筆家・ゲーム作家)、上妻世海（文筆家・アートキュレーター）

第23回研究会「食と肉の種的転回」シンポジウム

日時　2018年12月8日（土）午前10時～午後6時

場所　熊本大学文学部　共用会議室

研究発表

- 奥野克巳（立教大学)「人類学的なるものを超えた人類学としてのマルチスピーシーズ研究」
- 辻村伸雄（国際ビッグヒストリー学会)「ビッグヒストリーから考える肉食・狩猟」
- 山口未花子（岐阜大学)「土地で一番美味しい食べ物としての野生の肉：カナダ、ユーコンのヘラジカと西表島のリュウキュウイノシシの比較から」
- 菅原和孝（京都大学)「南部アフリカ狩猟採集民グイの動物認識と摂食忌避再考」
- 北條勝貴（上智大学)「仏教典籍が内包する狩猟感覚」
- 吉村萬壱（作家)「捕食される存在としての人間：その文学的考察」
- 上妻世海（文筆家・アートキュレーター)「制作論からみるマルチスピーシーズ人類学」
- 逆巻しとね（独立研究者)「共生態としての種：ダナ・ハラウェイと内なる協働」
- 佐藤岳詩（熊本大学)「動物倫理と肉食」
- 近藤宏（立命館大学)「ある肉食形態の系譜と敷衍：パナマ東部先住民エンベラの豚肉について」
- 宮本万里（慶應義塾大学)「北東インド地域における屠畜と葬送：人体と動物の境界と越境」

第18回研究会「環境文学／環境人文学を読む」

日時　2018年5月19日（土）午後2時〜6時

場所　立教大学池袋キャンパス12号館地下　第3会議室

マルチスピーシーズ人類学　文献レヴュー（工藤顕太、宮崎幸子）

山田悠介『反復のレトリック――梨木香歩と石牟礼道子と―』（2018年、水声社）

結城正美・黒田智（共編）『里山という物語――環境人文学の対話――』（2017年、勉誠出版）

コメント

北條勝貴（上智大学）、野田研一（立教大学）

第19回研究会「肉のポリティクス　人獣関係における産業化・権力・宗教」（第52回日本文化人類学会研究大会・分科会として開催）

日時　2018年6月3日（日）午後3時45分〜5時45分

場所　弘前大学　第52回日本文化人類学会研究大会B会場（306号教室）

研究発表

- 近藤祉秋（北海道大学）「趣旨説明」
- シンジルト（熊本大学）「狗権でも人権でもない：中国玉林犬肉祭のコスモポリティクス」
- 近藤祉秋（北海道大学）「シカ肉の『ジビエ』化：九州山地における microbiopolitics」
- 宮本万里（慶應義塾大学）「越境する牛の屠り：現代ブータンにおける屠畜の産業化と宗教実践」
- 石倉敏明（秋田公立美術大学）「『朽ちる肉』への問い：『シシ』と『ムシ』から再考する東北日本の種間宇宙論」
- 近藤宏（立命館大学）「ブタにまつわる生政治と死政治：先住民エンベラによるブタ飼育に見る多層的関係性」

コメント

岸上伸啓（国立民族学博物館／人間文化研究機構）

第20回研究会「マルチスピーシーズ民族誌の近年の成果から」

日時　2018年10月20日（土）午後1時〜5時

場所　立教大学池袋キャンパス15号館（マキムホール）10階　M 1010

マルチスピーシーズ人類学　文献レヴュー（奥野克巳、近藤祉秋）

Smart, Alan "Critical Perspectives on Multispecies Ethnography", *Critique of Anthropology* 34(1): 3-7, 2014

Swanson, Heather Anne "Methods for Multispecies Anthropology", *Social Analysis* 61(2):81-99, 2017

Kirksey, Eben, Brandon Costelleo-Kuehn, and Dorion Sagan, "Life in the Age of Biotechnology" pp.185-220, Part III, Chapter 5, In Kirksey, Eben (ed.) *Multispecies Salon*, Duke University Press,

第15回研究会「『環境人文学』I, II　合評会・検討会」

日時　［初日］2018年1月27日（土）午後12時50分～6時30分

［2日目］1月28日（日）午前9時～午後4時

場所　立教大学新座キャンパス　太刀川記念交流会館

登壇者　野田研一（立教大学）、山田悠介（東洋大学）、豊里真弓（札幌大学）、北條勝貴（上智大学）、中村優子（東京都市大学）、中川直子（立教大学大学院）、浅井優一（東京農工大学）、戸張雅登（日英協会）、奥野克巳（立教大学）、近藤祉秋（北海道大学）、山田祥子、相馬拓也（早稲田大学）、石倉敏明（秋田公立美術大学）、上妻世海（文筆家・アートキュレーター）、シンジルト（熊本大学）、山本洋平（明治大学）、森田系太郎（会議通訳・翻訳者）、小谷一朗（新潟県立大学）、中村邦生（大東文化大学）、渡辺憲司（自由学園）、鳥飼玖美子（立教大学）、宮崎幸子（立教大学大学院）

第16回研究会「インゴルド的なるものの人類学的現在」

日時　2018年2月26日（月）午後1時～5時30分

場所　立教大学池袋キャンパス12号館2階　ミーティングルームＡ・Ｂ

研究発表

- 古川不可知（大阪大学大学院）「『シェルパ』と道の人類学」
- 山崎剛（南山大学人類学研究所）・木田歩（南山大学人類学研究所）「人類学から「学問」を引いてみる：「研究」することのほかでもありえる人類学の道」

第17回研究会「犬と人の関わり」

日時　［初日］2018年4月21日（土）午後1～6時

［2日目］4月22日（日）午後1時～5時

場所　［初日］北海道大学東京オフィス（東京駅日本橋口サピアタワー内）

［2日目］大阪大学豊中キャンパス 大阪大学ＣＯデザインセンター412室

研究発表

［初日］

- 山田仁史（東北大学）「犬祖説話と動物観」
- 溝口元（立正大学）「忠犬ハチ公と軍犬」
- 菅原和孝（京都大学）「境界で吠える犬たち――人類学と小説のあいだで」
- 大石高典（東京外国語大学）「熱帯狩猟採集民社会における社会的存在としての犬――カメルーンのバカ・ピグミーにおける犬をめぐる社会関係とトレーニング」

［2日目］

- 池田光穂（大阪大学）「イヌとニンゲンの〈共存〉についての覚え書き」
- 志村真幸（京都外国語大学）「紀州犬における犬種の『合成』と衰退――日本犬とはなんだったのか」
- 加藤秀雄（成城大学）「葬られた犬――その心意と歴史的変遷」

場所　立教大学池袋キャンパス 12 号館 2 階　ミーティングルームA・B

レジュメ担当者：上妻世海（文筆家・アートキュレーター）、山田悠介（東洋大学）、奥野克巳（立教大学）

コメント：野田研一（立教大学）

第 12 回研究会「*Arts of Living on a Damaged Planet* を読む」

日時　2017 年 12 月 9 日（土）午前 10 時 30 分〜午後 5 時 30 分

場所　立教大学池袋キャンパス 12 号館 2 階　ミーティングルームA・B

マルチスピーシーズ人類学　文献レヴュー（森田系太郎、戸張雅登、山田祥子、奥野克巳、上妻世海、猪口智広、石倉敏明、藤田周、近藤祉秋、阿部朋恒）

Anna Lowenhaupt Tsing, Heather Anne Swanson, Elaine Gan, and Nils Bubandt (eds.) *Arts of Living on a Damaged Planet: Ghosts and Monsters of the Anthropocene*. University of Minnesota Press, 2017.

第 13 回研究会「人新世の漁業管理と複数種の関係：環境人文学からのパースペクティヴ」（原題は英語）

日時　2017 年 12 月 10 日（日）午後 1 時〜 5 時

場所　立教大学池袋キャンパス 12 号館 2 階　ミーティングルームA・B

研究発表（使用言語：英語）

Shiaki Kondo (Hokkaido University) Salmon and Other-than-human Engineering: Cultivating Human and Non-human Domus in Interior Alaska

Mariko Yoshida (Australian National University) Harvested in Suspension: Ecological Disturbances and Japanese Oyster Practices in an age of Uncertainty

Heather Swanson (Aarhus University) The Material Politics of Fishing Gear: Lower Columbia River fish traps and the making of salmon populations

コメント

Jun Akamine (Hitotsubashi University)

第 14 回研究会「二元論を考える」

日時　2017 年 12 月 25 日（月）午前 10 時〜午後 5 時

場所　立教大学池袋キャンパス 12 号館 2 階　ミーティングルームA・B

研究発表

奥野克巳（立教大学）、戸張雅登（日英協会）、佐藤壮広（立教大学）、熊田陽子（首都大学東京）、山崎剛（南山大学）、君島彩子（としまコミュニティー大学）、上妻世海（文筆家・アートキュレーター）、佐々木薫（INTEG・代表）、嶽本あゆ美（メメントC・劇作家・演出家）、山本洋平（明治大学）、山田悠介（東洋大学）

克巳、合原織部、近藤祉秋）

第８回研究会 （みんぱく共同研究・若手「消費からみた狩猟研究の新展開」 共催）

日時 2017年7月29日（金）午前10時～午後5時

場所 国立民族学博物館 第7セミナー室

研究発表

- 近藤祉秋（北海道大学）・合原織部（京都大学大学院）「シカ肉の『ジビエ化』：宮崎県西米良村の事例から」
- 大石高典（東京外国語大学）「アフリカ都市住民の動物蛋白源嗜好性――コンゴ共和国ブラザビルの事例」
- John Knight (Queen's University Belfast) Hunters and the meat–animal association
- 山口未花子（岐阜大学）「西表島のイノシシ猟の地域比較――肉の嗜好と捕獲・止め刺し・解体方法」

コメント

濵田信吾（大阪樟蔭女子大学）、安田章人（九州大学）

第９回研究会 （早稲田大学高等研究所 主催）

日時 2017年10月14日（土） 午後12時30分～6時10分

場所 早稲田大学高等研究所

研究発表（使用言語：英語）

- Nastasha Fijn (Australian National University) Medicinal Treatment of Humans and Domestic Animals in Mongolia
- Kazuyoshi Sugawara (Kyoto University) On the G|ui Experiences of 'Being Hunted': An Analysis of Oral Discourses on Man-Killing by Lions

コメント

Takuya Soma (Waseda Univeisity), Motomitsu Uchibori (Open University of Japan)

第10回研究会 （信州大学・金沢謙太郎研究室 共催）

日時 2017年10月30日（月）午後3時～6時

場所 立教大学池袋キャンパス12号館2階 ミーティングルームＡ・Ｂ

使用言語：英語

研究発表

Jayl Langub (Universiti Malaysia Sarawak) Penan Resource Tenure and Mode of Life

第11回研究会「ディヴィッド・エイブラム著『感応の呪文：〈人間以上の世界〉における知覚と言語』を読む～訳者・結城正美さんを囲んで～」

日時 2017年12月1日（金）午前10時30分～午後6時10分

第5回研究会「ハラウェイ、ローズ、ナイト＆フィン」

日時　2017年1月22日（日）午後1時～5時30分

場所　立教大学池袋キャンパス12号館2階　ミーティングルームＡ・Ｂ

マルチスピーシーズ人類学　文献レビュー　特集セッション「種間関係の『愛と非−愛』（シンジルト、近藤祉秋、奥野克巳）

ハラウェイ、ダナ（高橋さきの訳）『犬と人が出会うとき：異種協働のポリティクス』青土社、2013年

Bird Rose, Deborah. Flying Fox: Kin, Keystone, Kontaminant. *Australian Humanities Review* 50: 119-136, 2010.

Haraway, Donna. Tentacular Thinking: Anthropocene, Capitalocene, Chthulucene. *e-flux* 75, 2016.

マルチスピーシーズ人類学　文献レヴュー（相馬拓也・奥野克巳）

Fijn, Natasha. Sugarbag Dreaming: the significance of bees to Yolngu in Arnhem Land, Australia. *HUMaNIMALA* 6(1): 41-61, 2014

John Knight. The Anonymity of the Hunt: A Critique of hunting as Sharing. *Current Anthropology* 53(3): 334-355, 2012.

第6回研究会「擬人主義、複数種の民族誌、動物の境界、ネイチャーライティング」

日時　2017年2月10日（金）午後1時～5時50分

場所　北海道大学東京オフィス（東京駅日本橋口サピアタワー内）

研究発表

- 野口泰弥（北海道立北方民族博物館）「アニミズムの生物学：生物学史における「擬人主義」の再検討」
- 山田悠介（立教大学大学院）「リチャード・K・ネルソンの「文学」――〈ことば〉の〈かたち〉のメッセージ」

マルチスピーシーズ人類学　文献レヴュー（奥野克巳・近藤祉秋）

S・エベン・カークセイ＋ステファン・ヘルムライヒ（近藤祉秋訳）「複数種の民族誌の創発」『現代思想』2017年3月臨時増刊、96−127頁

菅原和孝『動物の境界：現象学から展成の自然誌へ』弘文堂

第7回研究会「科学研究費補助金基盤研究Ａプロジェクト「種の人類学的転回：マルチスピーシーズ研究の可能性」2017年度研究集会」

日時　2017年5月26日（金）午後1時～10時

場所　御影荘（神戸市東灘区）

研究紹介

奥野克巳＋シンジルト＋近藤祉秋＋相馬拓也「マルチスピーシーズ研究の可能性」

予行演習

第51回日本文化人類学会研究大会・分科会「他種と『ともに生きること』の民族誌：マルチスピーシーズ人類学の展望と課題」予行会（大石高典、島田将喜、奥野

- 近藤祉秋（北海道大学）「森のエンジニアたち：内陸アラスカにおけるサケをめぐる複数種間の関係」

第3回研究会「ヒトと動物をめぐる『種』の再考：関係の学からマルチスピーシーズ人類学へ」（早稲田大学高等研究所主催）

日時　2016年10月2日（日）正午～午後5時40分

場所　早稲田大学高等研究所　早稲田キャンパス9号館5階　第1会議室

マルチスピーシーズ人類学　文献レヴュー（吉田真理子・相馬拓也・近藤祉秋）

Tsing, Anna. Unruly Edges: Mushrooms as Companion Species. *Environmental Humanities* 1: 141–54, 2012.

Kelly, Ann. H. & Lezaun, Javier. Urban mosquitoes, situational publics, and the pursuit of interspecies separation in Dar es Salaam. *American Ethnologist* 41 (2): 368-383, 2014.

Hugo Reinert. About a Stone: Some Notes on Geologic Conviviality, *Environmental Humanities* 8: 95-117, 2016.

研究発表

- 安田章人（九州大学）「『猪』観を考える：獣害問題の現場から」
- 軽部紀子（早稲田大学大学院）「人間の先祖、ハワイ島マウナケア山：聖地の開発問題をマルチスピーシーズ人類学から考察する」
- シンジルト（熊本大学）「伴侶であり食材である：中国の「犬肉祭」で問われる人畜境界」

第4回研究会（科学研究費補助金・若手研究Bプロジェクト「カメルーン東南部狩猟採集社会における遅延報酬の許容と萌芽的な社会階層化」共催）

日時　2016年11月27日（日）午後1時～6時30分

場所　東京外国語大学本郷サテライトキャンパス4階　セミナー室

マルチスピーシーズ人類学　文献レヴュー（奥野克巳・近藤祉秋）

Lorimer, Jamie et al. Rewilding: Science, practice and politics. *Annual Review of Environment and Resources*, 40: 39-62, 2015.

van Dooren, Thom. Pain of Extinction: The Death of a Vulture. *Cultural Studies Review* 16(2): 271-289, 2010.

研究発表

- 合原織部（京都大学大学院）「トポロジー的往還としての獣害問題：宮崎県椎葉村における種=横断的交渉をめぐって」
- 戸張雅登（立教大学大学院）「オランダ再野生化地域OVPにみる環境倫理：体系的価値の考察」
- 大石高典（東京外国語大学）「ニホンミツバチの養蜂におけるマルチスピーシーズな関係――送粉共生系の人類学に向けた研究構想」

マルチスピーシーズ人類学研究会記録

『たぐい』編集部

この記録は、2016年5月に発足したマルチスピーシーズ人類学研究会の活動をまとめたものである。2016年6月から2019年1月までの全26回分を掲載した。発表者の所属は当時のものである。当日の発表タイトルが研究会ホームページに記載されているものと違う場合、『たぐい』編集部が把握できた範囲で最新版に差し替えてある。研究会の内容に関してはその一部を研究会ホームページに掲載している。

マルチスピーシーズ人類学研究会ホームページ

http://www2.rikkyo.ac.jp/web/katsumiokuno/multi-species-workshop.html

第1回研究会「文学的想像力×科学的客観性」

日時　2016年6月18日（土）午後1〜5時

場所　立教大学池袋キャンパス12号館2階　ミーティングルームA・B

研究発表

- 奥野克巳（立教大学）「ハキリアリ、締め殺しの無花果、人間：言語を超えて、マルチスピーシーズ人類学の生命論」
- 相馬拓也（早稲田大学）「フィールドワーク体験の言語化から視覚化へ：計量民族誌とマルチスピーシーズ人類学」

第2回研究会「震災復興×官僚政治」

日時　2016年7月15日（金）午後1〜6時

場所　立教大学池袋キャンパス12号館2階　ミーティングルームA・B

マルチスピーシーズ人類学　文献レヴュー（奥野克巳・近藤祉秋）

Ogden, A. Laura, Billy Hall & Kimiko Tanita. Animals, Plants, People, and Things: A Review of Multispecies Ethnography, *Environment and Society* 40 (1): 5-24, 2013.

Candea, Matei. "I Fell in Love with Carlos the Meerkat": Engagement and detachment in human-animal relations. *American Ethnologist* 37 (2): 241-258, 2010.

研究発表

- 宮崎幸子（立教大学大学院）「『人と馬』の関係から福島県相双地方の復興のあり方を探る：マルチスピーシーズ民族誌の可能性」

プロフィール

東千茅（あづま・ちがや）
一九九一年生。雑誌『つち式』主宰。著作に『つち式二〇一七』。

石倉敏明（いしくら・としあき）
秋田公立美術大学大学院複合芸術研究科准教授。明治大学野生の科学研究所研究員。共著に『Lexicon 現代人類学』（奥野克巳共編、以文社、二〇一八年）、『どうぶつのことば 根源的暴力を超えて』（鴻池朋子共著、羽鳥書店、二〇一六年）、『野生めぐり 列島神話をめぐる12の旅』（田附勝共著、淡交社、二〇一五年）等。

奥野克巳（おくの・かつみ）
一九六二年生。立教大学異文化コミュニケーション学部教授。近著に『ありがとうもごめんなさいもいらない森の民と暮らして人類学者が考えたこと』、共訳書にエドゥアルド・コーン『森は考える――人間的なるものを超えた人類学』（以上、全て亜紀書房）、レーン・ウィラースレフ『ソウル・ハンターズ――シベリア・ユカギールのアニミズムの人類学』がある。

上妻世海（こうづま・せかい）
一九八九年生。おもなキュレーションに「Malformed Objects――無数の異なる身体のためのブリコラージュ」（山本現代）、「時間の形式、その制作と方法――田中功起作品とテキストから考える」（青山目黒）。著作に『制作へ』（オーバーキャスト エクリ編集部）、『脱近代宣言』（水声社、落合陽一・清水高志との共著）。Twitter: @skkzm

近藤祉秋（こんどう・しあき）
一九八六年生。北海道大学アイヌ・先住民研究センター助教。共編著に『人と動物の人類学』（春風社、二〇一二年、奥野克巳・山口未花子との共編）、論文に「ボブ老師はこう言った：内陸アラスカ・ニコライ村におけるキリスト教・信念・生存」『社会人類学年報』四三号所収などがある。

近藤宏（こんどう・ひろし）
一九八二年生。立命館大学衣笠総合研究機構専門研究員。論文に、「〈土地〉を所有する現在――パナマ東部先住民エンベラに見る境界画定」（『国立民族学博物館研究報告』四三巻一号）、「動物－論理の発見――憎悪・隷従に抗する思想としての構造人類学」（渡辺公三ほか編『異貌の同時代』、以文社）。

逆巻しとね（さかまき・しとね）

一九七八年生。野良研究者／文芸共和国の会・世話人。「アーティチョークの茎とアカシアの石板――アーシュラとダナが出会うとき」（『ユリイカ』二〇一八年五月号）、「クトゥルーの呼び声に応えよ―ラヴクラフト時代の思想／クトゥルー新世の物語」（『ユリイカ』二〇一八年二月号）、『アーギュメンツ#3』Jホラー座談会など。

椎名登尋（しいな・とひろ）

一九七四年生。編集者。二〇一八年モンゴル・ウランバートルにてフィールドワーク。

シンジルト（CHIMEDYN Shinjilt）

一九六七年生。熊本大学大学院人文社会科学研究部教授。著作に『新版 文化人類学のレッスン――フィールドからの出発』（共編著、学陽書房、二〇一七年）、『動物殺しの民族誌』（共編著、昭和堂、二〇一六年）、『民族の語りの文法――中国青海省モンゴル族の日常・紛争・教育』（単著、風響社、二〇〇三年）など。

辻村伸雄（つじむら・のぶお）

一九八二年生。国際ビッグヒストリー学会理事。共著に『別冊ele-king 初音ミク10周年――ボーカロイド音楽の深化と拡張』（P-VINE、二〇一七年）、From Big Bang to Galactic Civilizations: A Big History Anthology, Volume II, Education and Understanding: Big History around the World (Delhi: Primus Books, 2016)、『ビッグ・ヒストリーと21世紀の国際秩序』（地球宇宙平和研究所、二〇一四年）など。

山田仁史（やまだ・ひとし）

一九七二年生。東北大学大学院文学研究科准教授。著作に『いかもの喰い』（亜紀書房、二〇一七年）、『新・神話学入門』（朝倉書店、二〇一七年）、『首狩の宗教民族学』（筑摩書房、二〇一五年）など。

ナターシャ・ファイン（Natasha Fijn）

オーストラリア国立大学リサーチャー。著作に *Living with Herds: Human-Animal Co-existence in Mongolia*（ケンブリッジ大学出版会、二〇一一年）がある。映像作品に Yolngu Homeland（六〇分、ローニンフィルム、二〇一五年）など。

編集後記

二〇〇八年四月から「人間と動物」をめぐる科研プロジェクトをスタートさせた。同年一二月には「自然と社会」研究会を立ち上げ、デスコラやヴィヴェイロス・デ・カストロらの文献を読み漁った。翌二〇〇九年八月には「来たるべき人類学」という単行本五巻のシリーズ（春風社）を立ち上げ、その第一巻を上梓した。

それから一〇年が経ち、このたび人類学を軸とする思想誌『たぐい』を創刊する運びとなった。二項（種）で考えていたものが複数項（種）となり、隣接する知の領域と入り乱れながら、いまふたたび人類学が動き始めたように感じる。もともと科研の途中経過報告書として公刊する予定の本誌だったが、こうして読者諸氏に見ていただく形をとった。内向きの言葉を脱ぎ捨て、もっと開かれた言葉を、という版元の激励と受け止めている。

『たぐい』は、この創刊号から四号まで年一冊公刊される予定である。人類学はもっと先へ行かなければならない。本号ではまだまだその課題に応えきれていないきらいもあるかもしれないが、新しい議論の端緒となればと思う。忌憚なきご意見やご批判を頂戴したい。マルチスピーシーズ人類学が扱う本格的な議論は、次号にご期待いただきたい。公刊にあたってはＪＳＰＳ科研費JP17H00949の助成を受けている。（K・O）

喰らいあって生まれる「たぐい」。数年前アラスカの森で仲間と道に迷い、夜通しで獣道と沼地を歩いたとき、餓死した自分の屍が鳥獣や蟲に喰われる姿を夢想した。森の記号の「大いなる連鎖」に取りこまれ、クマの野糞となる未来。キムンカムイのお膝元にて「デネ=人間」の儚さ、ありがたさを思う。（S・K）

人類学的なマルチスピーシーズ研究を名乗る限りにおいて、フィールドワークに基づく民族誌的な記述が不可欠になる。フィールドワーカーは、種の境界を横断するような経験を現場で重ねていかなければならないし、そのような経験をいかに記述していくかという民族誌の在り方も問われていくことになる。

それは畢竟、我々人類学者自身もアップデートしていかなければならない、ということかもしれない。（C・S）

亜紀書房の本

ありがとうもごめんなさいもいらない
森の民と暮らして人類学者が考えたこと
奥野克巳著

ソウル・ハンターズ
――シベリア・ユカギールのアニミズムの人類学
レーン・ウィラースレフ著
奥野克巳・近藤祉秋・古川不可知訳

森は考える――人間的なるものを超えた人類学
エドゥアルド・コーン著
奥野克巳・近藤宏監訳
近藤祉秋・二文字屋脩共訳

いかもの喰い――犬・土・人の食と信仰
山田仁史著